MÉMOIRES DE L'ACADÉMIE

DES

SCIENCES, BELLES-LETTRES ET ARTS DE CLERMONT-FERRAND

Deuxième Série

FASCICULE SEIZIÈME

LES
TOURBILLONS DE DESCARTES
ET LÀ SCIENCE MODERNE

PAR

H. PARENTY
LAURÉAT DE L'INSTITUT

CLERMONT-FERRAND

LOUIS BELLET, IMPRIMEUR-ÉDITEUR

Avenue Carnot, 4.

1903

MÉMOIRES DE L'ACADÉMIE

DES

SCIENCES, BELLES-LETTRES ET ARTS

DE

CLERMONT-FERRAND

DEUXIÈME SÉRIE

Fascicule seizième

DESCARTES

LES
TOURBILLONS DE DESCARTES

ET LA SCIENCE MODERNE

PAR

H. PARENTY

LAURÉAT DE L'INSTITUT

CLERMONT-FERRAND

LOUIS BELLET, IMPRIMEUR-ÉDITEUR

Avenue Carnot, 4.

—

1903

INTRODUCTION

Se déclarer à la fin du xixᵉ siècle disciple de Confucius ou de Bouddha, assister même en plein Paris avec l'aimable M. Guimet aux solennités de Brahma, c'est véritablement une élégance suprême. Avouer que l'on s'intéresse encore aux Tourbillons démodés du philosophe Descartes et que l'on a conservé de sa lecture quelqu'horreur instinctive du vide, c'est une audacieuse folie, dont je me garderai de faire ici profession. On me permettra cependant de raconter en historien fidèle que j'ai trouvé à Bruxelles, à l'exposition de 1897, un disciple de Descartes, en chair et en os, oui. Ce n'était pas un Français, bien entendu, il ne parlait même pas très correctement notre langue, mais l'enthousiasme suppléait à la correction, il a émerveillé mes excellents collègues belges de la section des sciences, et il m'a donné l'envie de connaître Descartes, de le faire connaître même. Et ce fut le sujet de mes causeries et conférences de l'année 1898, à l'Académie des Sciences, Arts et Belles-Lettres de Clermont, à la société du Musée de Riom, puis dans les villes de Clermont et de Moulins; où les éminents professeurs de l'Université d'Auvergne m'admirent à l'honneur de les seconder dans leur enseignement extérieur. La témérité de mon entreprise a trouvé quelqu'heureux contrepoids dans la bienveillance extrême de ces auditoires d'élite. Le danger s'accroît aujourd'hui pour moi dans cette publication ; car, mieux que l'écrivain, le conférencier jouit du privilège d'évoquer le témoignage non seulement des princes de la science, mais encore de simples penseurs parmi lesquels je me jugerais trop fier d'occuper le dernier rang. J'ai pris toutefois le soin de citer les noms de tous ces disciples de Descartes, et ma faible autorité scientifique me permet de ne discuter en rien leurs opinions les plus hardies et de leur en réserver l'entière responsabilité.

Descartes naquit en Touraine de parents bretons, il prit du service en Bavière, le quitta en Autriche. Il vécut en Hollande et y eut pour disciple une princesse Palatine, ce qui lui permit de mourir en Suède.

Dans cette vie volontairement errante il fit le sacrifice de ses relations les plus chères et fut même abandonné de sa famille au point de ne pas être informé de la mort de son vieux père. Il eut cependant des amis, et parmi ces amis, les plus intimes furent des habitants de l'Auvergne. M. de Chanut, Riomois, ambassadeur de France en Suède, reçut son dernier soupir à Stockolm. Clerselier, beau-frère de M. de Chanut, publia sa correspondance. Enfin cent ans après la mort de Descartes, Thomas, votre concitoyen de Clermont-Ferrand, fut chargé par l'Académie française de prononcer l'oraison funèbre du grand philosophe. Un ordre du roi Louis XIV était venu interdire cette oraison funèbre à l'Eglise Saint-Etienne du Mont où les cendres de Descartes avaient été transférées de Stockolm après seize ans. Descartes était alors taxé d'hérésie, et la congrégation de l'Index avait condamné ses œuvres « *donec corrigantur* ».

Zenger est directeur de l'Ecole polytechnique *tchèque* de Prague et ses sympathies sont françaises. Mais de plus il a fondé l'observatoire astrophysique de Prague, presqu'au moment où notre éminent collègue, M. Alluard, fondait l'observatoire météorologique du Puy de Dôme, le premier observatoire de montagne. Ces deux entreprises ne sont pas des entreprises rivales, elles ont fait simultanément la gloire de leurs promoteurs. Dans cette division si féconde de la science moderne, toutes deux viennent apporter une puissante contribution à la science des événements météorologiques, à celle de l'atmosphère terrestre. Il convient de louer M. Zenger dans cette assemblée où siège si noblement M. Alluard.

TOURBILLONS DE DESCARTES

ET LA SCIENCE MODERNE

CHAPITRE I

Etat de la science avant et pendant le XVII⁰ siècle

—

René Descartes, né Français, mort en Suède, ainsi que le fait tristement observer La Bruyère, raconte plaisamment qu'Aristote fut accusé d'avoir réuni les œuvres des philosophes qui l'avaient précédé. Après avoir utilisé leurs travaux pour la construction de son Organum, il travestit leurs hypothèses, les couvrit de ridicule et, brûlant sa bibliothèque en un immense brasier, demeura le seul fondateur de la science humaine.

Notre grand philosophe français n'a-t-il pas subi quelque semblable injure de la part des savants qui l'on suivi dans la carrière et qui, profitant de son admirable méthode, ont pendant plusieurs siècles ridiculisé les ingénieuses conceptions de sa physique. Qui de nos jeunes étudiants connaît aujourd'hui la théorie des Tourbillons, dont les philosophes ne mentionnent l'existence que comme l'erreur grandiose du génie. Aucune édition n'a vulgarisé les *Principes*, et cette œuvre capitale, tirée il est vrai de l'oubli par Victor Cousin puis par Aimé Martin, ne figure malheureusement encore que dans les éditions de luxe, reléguée parmi les documents aujourd'hui condamnés de l'histoire des sciences.

« Il n'y a rien de nouveau en Descartes que ses erreurs, affirme, en notre siècle, le savant panégyriste chrétien, Auguste Nicolas. Sa méthode est tirée de saint Augustin, ses preuves de l'existence de Dieu de saint Anselme. Il n'a eu par ses raisonnements d'autre but que celui de défendre la religion que ses disciples, les rationalistes, cherchent à détruire par les arguments faussés de leur maître. » C'est peu concéder à la gloire du grand homme.

Un illustre enfant de la ville de Clermont, Thomas, membre de l'Académie française, a, dès le xviiie siècle, apprécié plus justement le rôle de Descartes.

« Newton, dit-il, tout grand qu'il était, a été obligé de simplifier l'univers pour le calculer. Il a fait mouvoir tous les astres dans des espaces libres, dès lors plus de fluides, plus de résistances, plus de frottements, les liens qui unissent ensemble toutes les parties du monde ne sont plus que des rapports de gravitation, des êtres purement mathématiques. Il faut en convenir, un tel univers est bien plus aisé à calculer que celui de Descartes où toute action est fondée sur un mécanisme. Le newtonien, tranquille dans son cabinet, calcule la marche des sphères d'après un seul principe qui agit toujours d'une manière uniforme. Que la main du génie qui préside à l'univers saisisse le géomètre et le transporte tout à coup dans le monde de Descartes : Viens, monte, franchis l'intervalle qui te sépare des cieux, approche de Mercure, passe l'orbe de Vénus. Laisse Mars derrière toi, viens te placer entre Jupiter et Saturne. Te voilà à quatre-vingt mille diamètres de ton globe. Regarde maintenant. Vois-tu ces grands corps qui, de loin, te paraissent mus d'une manière uniforme ? Vois leurs agitations et leurs balancements, semblables à ceux d'un vaisseau tourmenté par la tempête dans un fluide qui presse et qui bouillonne : vois et calcule si tu peux ces mouvements.

» Ainsi, quand le système de Descartes n'eût point été aussi défectueux ni celui de Newton si admirable, les géomètres devaient, par préférence, embrasser le dernier, et ils l'ont fait. Quelle main plus hardie, profitant des nouveaux phénomènes connus et des découvertes nouvelles, osera reconstruire avec plus d'audace et de solidité ces Tourbillons que Descartes lui-même n'éleva que d'une main faible ? ou, rapprochant deux empires divisés, entreprendra de réunir l'attraction avec l'impulsion en découvrant la chaîne qui les joint. »

L'éloquente prophétie de Thomas ne devait pas tarder à s'accomplir et, dès ce jour même, cette loi de nature, capable de réunir l'attraction avec l'impulsion et d'expliquer les phénomènes des cieux et ceux de la terre, apparaissait nettement à la science. J'ai nommé l'électricité.

Le *Mercure* de novembre 1755 contient l'analyse d'un mémoire sur « le principe physique de la *génération* des êtres vivants, du mouvement, de la gravité de l'attraction, c'est l'*électricité* qui règle le monde. Non pas *celle* seulement que les expériences même établies pour la connaître, dérangent nécessairement de ses lois naturelles, mais *la cause encore inconnue, la modification, le mouvement* du fluide éthérien qui n'a été déterminée expérimentalement et désignée que par certaines de ses propriétés.

» Ce mécanisme de l'éther qui communique à certains corps seulement les propriétés électriques proprement dites, influence en réalité tous les corps et les soumet aux lois de la gravité, de l'attraction, à toutes les lois naturelles en un mot, et particulièrement aux lois de la vie et de la génération des êtres animés ; aux lois de la cristallisation et des affinités chimiques des corps matériels.

» Le tourbillon éthéré, dont la trombe accompagnée de ces éclairs auxquels M. de Franklin vient d'assigner avec quelque vraisemblance une origine électrique, donne l'image fidèle, est évidemment, pour l'auteur anonyme de ce curieux mémoire, la source féconde des mouvements et des transformations de l'univers entier. »

Le père de la philosophie moderne n'attachait qu'une importance secondaire au principal monument que ses admirateurs aient laissé debout, le grand traité de la méthode.

« Je n'ai eu d'autre but, disait-il, que de montrer, au début de mes études métaphysiques, que je suis une méthode et que cette méthode n'est peut-être pas des plus mauvaises. Quant aux preuves que j'y donne de l'existence de Dieu, je n'en saurais méconnaître le caractère obscur. Mais le libraire me pressait de publier cette partie la moins « élabourée » de mon ouvrage et, d'autre part, je voulais éviter de mentionner les objections des sceptiques. Enfin j'avais l'ambition de ne pas seulement retenir l'attention des plus subtils, mais de me mettre à la portée des femmes.

» Au reste, cette obscurité vient en partie de ce j'ai supposé que certaines notions, que l'habitude de penser m'a rendues familières et évidentes, le devraient être aussi à un chacun. Ainsi, par exemple, que nos idées, ne pouvant recevoir leurs formes ni leur être que de quelques objets extérieurs ou de nous-mêmes, ne peuvent représenter aucune réalité ou perfection qui ne soit en ces objets ou bien en nous, et semblables. »

René Descartes en mourant, dit l'épitaphe de son premier tombeau de Stockholm, ne laissa dans l'ordre scientifique qu'une seule chose incertaine, savoir si sa science avait surpassé sa modestie.

Noverint posteri
Qualis vixerit Renatus Descartes
Ut cujus Doctrinam olim suscipient, Mores imitentur
Post instauratam a fundamentis philosophiam
Apertam ad penetralia naturæ mortalibus viam
Novam, certam, solidam ;
Hoc unum reliquit incertum,
Major in eo modestia esset, an scientia.
Quæ vera scivit, verecunde affirmavit.
Falsa non contentionibus, sed vero admoto refutavit ;
Nullius antiquorum obtrectator ; nemini viventium gravis
Invidorum criminationes purgavit innocentiâ morum.
Injuriarum negligens ; amicitiæ tenax.
Quod summum tandem est,
Ita per creaturam gradus, ad Creatorem est conatus
Ut opportunus Christo, Gratiæ Authori, in avitâ religione quiesceret.
I nunc viator et cogita
Quanta fuerit Christina, et qualis aula
Cui mores isti placuerunt.

Or ce savant modeste, amoureux de la liberté, de la paix de l'esprit, comprenant la recherche de gloire de son ami Balsac, mais se résignant à l'obscurité féconde de cette grande et bruyante ville de La Haye où il réussit à s'isoler comme dans un désert, a dû placer au second rang dans ses préoccupations la méthode géométrique et les grandes découvertes mathématiques aujourd'hui noyées, disparues dans le fleuve du progrès dont elles ont été la source. Il les considérait comme une seconde méthode pour parvenir à la vérité. Se doutait-il seulement que le théorème de Descartes sur les racines des équations ferait pâlir pendant trois siècles les générations de candidats aux écoles. A coup sûr, il n'en eût pas tiré vanité.

Différent de Pascal, Descartes ne fut pas un fervent de l'amour. Il ne connaissait, disait-il, de beauté comparable à celle de la vérité. Il eut pourtant une liaison, son unique tendresse, et une fille Francine, sa suprême douleur, car il la perdit en 1690, à l'âge de cinq ans. Il a pris d'ailleurs soin de nous faire connaître fort exactement ses préoccupations favorites.

« Je crois, dit-il à la princesse palatine Elisabeth, je crois qu'il est très nécessaire d'avoir bien compris une fois en sa vie les principes de la métaphysique, à cause que ce sont eux qui nous donnent la connaissance de Dieu et de notre âme ; je crois aussi qu'il serait très nuisible d'occuper souvent son entendement à les méditer, à cause qu'il ne pourrait si bien vaquer aux fonctions de l'imagination et des sens, mais que le meilleur est de se contenter de retenir en sa mémoire et en sa créance les conclusions qu'on en a une fois tirées, puis employer le reste du temps qu'on a pour l'étude, aux pensées où l'entendement agit avec l'imagination et les sens. Je puis dire avec vérité que la principale règle que j'ai toujours observée en mes études et celle que je crois m'avoir le plus servi pour acquérir quelque connaissance, a été que je n'ai jamais occupé que fort peu d'heures par jour aux pensées qui occupent l'imagination (c'est-à-dire aux sciences

physiques) et fort peu d'heures par an à celles qui occupent
l'entendement seul (c'est-à-dire aux sciences métaphysiques),
et que j'ai donné tout le reste de mon temps au relâche des
sens et au repos de l'esprit. Même je compte, entre les exer-
cices de l'imagination, toutes les conversations sérieuses et
tout ce à quoi il faut avoir de l'attention. »

En vérité, Descartes comparait volontiers la science universelle à un arbre dont la métaphysique est la racine, la
physique le tronc, et dont les trois grandes ramifications sont
la mécanique, la médecine et la morale, où s'épanouissent
enfin tous les fruits qui font le bonheur des hommes. Son but
glorieux était donc de connaître l'univers et ses lois. Et, dans
cet univers, au premier rang, figurent l'âme humaine et
Dieu lui-même, au second rang, la matière et l'étude de ses
mouvements et de ses lois. Rien n'est divisible dans cette
œuvre, que nous ne saurions impartialement décrire sans remonter à travers les siècles jusqu'à la naissance de la science
officielle de la scholastique d'Aristote.

Roger Bacon, *le moine admirable,* contemporain de saint
Thomas d'Aquin, d'Albert le Grand, d'Alexandre de Hales,
ses rivaux, attaqua le premier cette philosophie de classifi-
cation, de catégories, de substances et de qualités visibles
ou occultes. Molière nous a fait surtout connaître *Causam
et rationem cur opium facit dormire.* Chaque phénomène
scientifique était expliqué de façon certes moins burlesque,
mais fort souvent tout aussi vague. Roger Bacon a payé de
sa liberté, presque de sa vie, l'audace qu'il avait eue de
combattre, non pas Aristote qu'il vénérait, mais ses disciples
et ses commentateurs, ignorants de la langue grecque et
dénaturant l'original qu'ils voulaient accommoder à leurs
étranges théories.

« Les sommes philosophiques de l'école, pesantes et inter-
minables encyclopédies, l'exaspèrent, quel que soit l'ordre
religieux qui les a produites, *Nullum ordinem excludo.*

» L'œuvre du dominicain Albert le Grand tiendrait, dit-il,
en quelques pages, la *somme* du franciscain Alexandre de

Halès ferait la charge d'un cheval, mais elle n'est pas de lui ;
quant à l'*Ange de l'Ecole,* saint Thomas, il l'appelle *Vir er-
roneus et famosus.*

» Pourquoi, dit-il, se référer à l'école. Ce qui est approuvé
du vulgaire est nécessairement faux. D'ailleurs, faut-il respecter en tout les anciens, *Antiquitas seculi juventus mundi.*
Les jeunes savants sont en réalité des vieillards, puisqu'ils
profitent des conquêtes antérieures de la science. »

Ce grand lutteur devait succomber au combat qu'il avait
engagé trop tôt. Astrologue, alchimiste, inventeur des lu-
nettes et de la poudre, versé même dans les sciences occultes
et le spiritisme, il fut précipité de l'observatoire au cachot,
malgré l'amitié d'un pape, Clément IV, son correspondant
secret, auquel il proposa pour la première fois la réforme du
calendrier, qui ne s'est accomplie que sous Grégoire XIII,
en 1582.

C'est seulement à l'âge de quatre-vingts ans, après la mort
du pape Nicolas IV, son ancien général (d'Ascoli), qu'il obtint la liberté de quitter sa prison de Paris et de mourir sur
la terre d'Oxfort, sa patrie.

Son ardente imagination l'entraîna souvent au delà des
limites raisonnables, et son *Opus* ne réussit pas à supplanter
l'*Organum* d'Aristote. Il fut le précurseur de Descartes et le
prophète de la science moderne. On a comparé cette science
moderne à un édifice, et le moine Roger Bacon à un archi-
tecte qui n'aurait pu construire que les échafaudages de
cet édifice.

« On fabriquera, disait-il, des instruments pour naviguer
sans le secours des rameurs, et faire voguer les plus grands
vaisseaux avec un seul homme pour les conduire plus vite
que s'ils étaient pleins de matelots ; des voitures qui roule-
ront avec une vitesse inimaginable sans aucun attelage ; des
instruments pour voler, au milieu desquels l'homme assis
fera mouvoir quelque ressort qui mettra en branle des ailes
artificielles battant l'air comme celles des oiseaux ; un petit
instrument de la longueur de trois doigts et d'une hauteur

égale pouvant servir à élever ou abaisser, sans fatigue, des poids incroyables. On pourra, avec son aide, s'enlever avec ses amis du fond d'un cachot au plus haut des airs, et descendre à terre à son gré. Un autre instrument servira pour traîner tout objet résistant sur un terrain uni, et permettre à un seul homme d'entraîner mille personnes contre leur volonté ; il y aura un appareil pour marcher au fond de la mer et des fleuves sans aucun danger ; des instruments pour nager et rester sous l'eau ; des ponts sur les rivières sans piles ni colonnes, enfin, toutes sortes de mécaniques et d'appareils merveilleux » (1).

Descartes, comme Roger Bacon, s'attaqua à l'école, mais l'heure était venue, la vérité nouvelle devait enfin éclairer le monde.

Et, tout d'abord, Descartes fait table rase de toutes ses connaissances, de toutes ses convictions. Il réserve toutefois la religion catholique à laquelle il accorde, du reste, la conduite provisoire de son être désemparé.

Une première clarté surgit en lui, c'est l'âme humaine, *cogito, ergo sum*, c'est une intuition, une évidence. Je pense, j'existe. Ce n'est pas un syllogisme, puis Dieu lui-même resplendit, être parfait, infini, dont l'idée ne peut provenir ni de nous-mêmes ni des objets du dehors, et qui, par conséquent, existe bien réellement, car le fait de n'être pas constituerait une imperfection, la plus grande de toutes. Or, Dieu est parfait.

Ens cujus ex essentia sequitur existentia si est possibilis existit, avait dit saint Anselme. En vérité, Descartes ouvre les yeux de l'âme à l'évidence, à l'intuition, peut-être serait-il étonné à la lecture des commentaires de cet acte de foi auquel le prédisposait son ardente religion.

Mais si Dieu existe, s'il a créé cette image de lui-même,

____

(1) Les traits de ce tableau sont tirés du traité *de Mirabili* et d'un fragment du *Traité des Mathématiques*, extrait du Descartes de M. Emile Saisset.

l'âme humaine, il a dû graver en cette âme les vérités éternelles, les évidences. Quel est le souverain qui ne graverait sa loi dans l'âme de ses sujets s'il en avait le pouvoir. Dieu, l'être parfait, n'a pu négliger ce moyen d'être compris, adoré, obéi. Les évidences de l'âme sont donc la loi de Dieu, et cela s'étend aux vérités géométriques que Dieu lui-même ne saurait détruire. Parmi ces idées primordiales il faut placer, en premier lieu, l'idée d'étendue, de volume, et ce point de départ est le fondement de la physique du monde.

Descartes ne saurait séparer l'idée géométrique de volume, d'étendue, de l'idée physique de substance, de matière; le volume, l'étendue, c'est la matière. Voyez ce bâton de cire, tout imprégné du suc et du parfum des abeilles, il est dur, sonore, il devient liquide puis s'évapore à la chaleur, il conserve en toutes ces étapes une propriété commune, il occupe un certain espace. L'esprit ne conçoit pas qu'un espace puisse être occupé à la fois par deux volumes différents, par deux matières, de là l'idée d'interchangeabilité entre deux matières, de là l'idée de mouvement, de mouvement relatif on le voit.

Le vide n'existe pas, mon esprit ne le conçoit pas, et Dieu lui-même ne saurait maintenir écartées les parois d'un vase absolument vide de matière. Telle est la réponse adressée par Descartes à Morus, l'illustre professeur anglais de l'Université de Cambridge. Pourquoi, du reste, la puissance de Dieu s'exercerait-elle à créer des absurdités, des faits contraires à la raison? Sur ce point et sur celui du terme de l'indéfini appliqué par lui à la matière, Descartes ne concède rien à son contradicteur. Il n'admet pas que la matière soit spécifiée simplement par son impénétrabilité, ni que Dieu risque d'épuiser vainement sa puissance à diviser lui-même la matière à l'infini, parce qu'il lui resterait toujours à la fin une partie non divisée quoique divisible.

Ces questions excitaient alors une vive curiosité, d'ardentes controverses auxquelles M. de Chanut, natif de Riom, ambassadeur de Suède, fait allusion dans une lettre au Père Mersenne, ami et condisciple de Descartes (bien que plus âgé que lui) ; cette lettre inédite m'a été communiquée par notre collègue M. François Boyer, qui la possède.

« A Stockolm, le 21 mars 1648.

» Monsieur mon très révérend Père,

» Vous m'avez beaucoup obligé de vous souvenir de moy en votre lettre du 19 janvier et au soing que vous avez pris de me donner vos observations et les airs du *secret du prince d'Orange*. Je n'ay encore rien veu de tous ces présents et il n'en faut point accuser M. Clerselier mon beau-frère, mais le défaut des commodités pour nous envoyer des hardes plus pesantes que des lettres. J'espère aveq les premiers vaisseaux recevoir un petit trésor de ces belles curiosités dont je suis merveilleusement affamé. Je vous répète encore que jusques à présent, bien loin de trouver de quoi apprendre quelque chose, je n'ay pas rencontré une personne aveq laquelle conserver ce peu que j'en ouy dire.

» On ne cherche en cet Estat (la Suède) autre gloire que celle des armes, et je croy que Dieu y fait maintenant règner une fille qui a inclination et intelligence dans les lettres, afin de les introduire, pour ce que cette nation belliqueuse n'aurait pas approuvé qu'un roi fist estime des sciences.

» Je suis extrêmement aise que vous entreteniez correspondance avec M. Descartes pour travailler ensemble aux expériences. A ce que vous m'escrivez de M. Roberval je respons qu'il faut ouïr M. Descartes sub l'objection du vuide entre ces petites parcelles de la nature la plus subtile, et quant à l'accusation sur la géométrie, si M. de Roberval deffié de la mettre par escrit ne l'ose faire, il y a grande présomption qu'il s'est trompé luy même, pour ce qu'il n'est pas croyable qu'il pardonne à M. Descartes par pure charité.

» Je suis ravi de vous scavoir opiniastré à la fameuse question du vuide pour en tirer lumière par la force des expériences. Si nos pères depuis deux mil ans avaient philosophé aveq cette exactitude qu'on y apporte aujourd'hui, j'estime, ou que nous serions sçavants, ou assurés qu'on ne le peut estre. Je croy que M. mon beau frère ne m'enviera pas les pièces de ce grand procès où M. Pascal et le père Noel ne sont pas les principales parties, si nous croyons ceux qui s'y intéressent.

» Je prieray aussi mon beau frère du livre de M. de Vaugelas dont vous me donnez envie, l'autheur est homme de réputation et pour cela je le plains d'avoir donné du temps à des observations sur une langue vivante. C'est bastir sur un torrent. Ce serait un agréable divertissement pour nous dé lire aujourd'hui des remarques sur la langue française qui auroient esté faites du temps de Hugues Capet.

» Toute notre famille vous salue et de très bon cœur. Nous avons esté affligés de ce que on nous a mandé par le dernier ordinaire que vous estiez à l'infirmerie. Pourveu que le mal n'ait pas esté grand. Je ne serais pas fasché qu'une incommodité passagère vous ait forcé à passer votre carême moins rudement qu'à l'ordinaire. J'espère que vous aurez fait une petite commémoration de moy aveq M. Mosnier mon beau frère. Mais je vous en demande sincèrement une autre dans vos prières, ou s'il est permis d'exposer à Dieu aveq humilité nos désirs et ceux de nos amis, vous le supplierez pour moy, s'il vous plaist, que je revoye mes parents et mes amis en pleine santé et sans diminution.

» Je suis mon T. R. Père

» vostre tres humble et tres affectueux serviteur

» CHANUT. »

(Adresse) a Monsieur le R. Pere, le Reverend pere Marin Mersenne de l'ordre des religieux Minimes, à Paris.

Cachet cire rouge détérioré par l'enlèvement des soies.

Cette querelle de Pascal avec le père Noel, dont il est sans doute ici question, se rattache directement à l'origine de la physique cartésienne. Au milieu de l'enthousiasme général excité par l'avènement des procédés de la géométrie, dans cette physique des entités obscures, des qualités occultes, des sympathies et des antipathies, des classifications stériles, au moment où les admirables découvertes contenues dans la *Dioptrique* et les *Météores* apportaient aux théories si claires et si ordonnées du maître l'éclatante confirmation de l'expérience, la masse grossissante et trop souvent inéclairée des disciples compromettait étrangement l'édifice qu'elle s'était donné la mission de garder, de consolider, d'achever même. La Fontaine a dit :

> Rien n'est si dangereux qu'un ignorant ami
> Mieux vaudrait un sage ennemi,

et, parmi ces fabricateurs de tourbillons nouveaux destinés à animer leurs conceptions parfois ridicules, parmi ces zélateurs indiscrets de la nouvelle école de Descartes, plus exclusifs et plus ardents que les fanatiques de l'ancienne école d'Aristote, le Père Noel se faisait remarquer au premier rang (1). Dans son traité sur le « plein du vuide » il définissait la lumière : « Un mouvement luminaire des corps transparents, qui sont mus luminairement par les corps lucides. »

---

(1) En vérité, si l'on excepte la recherche exagérée du style et l'abus des antithèses, le Père Noel mérite d'être lu et étudié ailleurs que dans les pamphlets injustes des adversaires de Descartes. *Le plein du vuide ou le corps dont le vuide apparent des expériences nouvelles est rempli,* trouvé par d'autres expériences, confirmé par les mêmes et démontré par raison physique, par le P. Estienne Noel, de la Compagnie de Jésus : ce rarissime opuscule, édité à Paris chez du Bray, rue Sainct Jacques, aux Espics meurs, MDCXLVIII, est indiqué sur le catalogue de Falconet comme un des livres rares que le Roi n'avait pas. Il fit paraître la même année : *Comparatio gravitatis aeris cum hydrargyri gravitate,* Paris, 1648, in-8°.

Le *Plein du vuide* est adressé à Monseigneur le prince de Conty et débute ainsi :

« Monseigneur. La nature est aujourd'hui accusée de vuide, et j'entreprends de la justifier en la présence de vostre altesse. Elle en avait bien esté auparavant soupçonnée, mais personne n'avait encore eu la hardiesse de mettre ses soupçons en fait. »

Dans l'explication souvent ingénieuse et parfois obscure des expériences de Pascal, le P. Noel admet que le vide barométrique se remplit d'un fluide qui traverse et pénètre les parois de tous les corps et qu'il nomme éther. Cette affirmation toute cartésienne du milieu matériel animique capable de remplir l'immensité du vide des espaces et d'y jouer le rôle d'un intermédiaire de transmission de la force sous toutes ses formes, ne rencontrerait plus aujourd'hui de contradictions sérieuses. Elle était ridicule au moment où allaient naître et grandir les hypothèses de l'émission.

Pascal, malgré l'attitude un peu dédaigneuse de Descartes à son égard, rendait quelque justice à l'enseignement du maître qui lui avait conseillé, dit-on, ses expériences sur la pesanteur atmosphérique, mais il ne se croyait pas tenu à la même déférence pour les disciples. « Il faut dire en gros : cela se fait par figures et mouvement, car cela est vrai ; mais de dire quels et composer la machine, cela est ridicule ; car cela est inutile, et incertain, et pénible. Et quand cela serait vrai, nous n'estimons pas que toute la philosophie vaille une heure de peine. »

Clerselier, le beau-frère de M. de Chanut, désigné également dans cette lettre si intéressante, fut le disciple et l'intime ami de Descartes. Il publia, dès 1657, la correspondance trouvée à Stockholm parmi les papiers du grand philosophe. J'emprunte à la préface de cet ouvrage le récit fort édifiant des derniers moments de Descartes. Clerselier y fait une allusion fort transparente à ses liens de parenté avec M. de Chanut, et ce document achève de fixer le point d'histoire qui nous a été révélé par la lettre tirée des archives de M. Boyer. Nous voyons clairement par quel concours de dévouements, Clerselier, le P. Mersenne, de Chanut, Descartes put acquérir sur l'esprit de la reine Christine cet ascendant qui devait, en définitive, lui coûter la vie.

« C'est une chose connuë de tout le monde, que la reine Christine de Suède, régnante alors, ayant souhaité avec passion d'entendre de vive voix cet homme si rare, qu'elle voyait être l'admiration de tous les savants, elle qui faisait gloire d'appeler et d'avoir auprès de sa personne tous ceux qu'elle savait avoir quelque chose de recommandable par-dessus les autres, ne cessa point de le solliciter qu'elle ne l'eût fait venir à Stockholm auprès d'elle. Là, cette princesse incomparable, que les soins de son état tenaient tous les jours continuellement occupée, ne pouvant prendre pour divertissement de ses études que le temps qu'elle dérobait à son repos, ordonna à M. Descartes de la venir entretenir tous les jours, à cinq heures du matin, dans sa bibliothèque. Ces conférences ayant déjà duré plus d'un mois, M. Descartes, soit que cela vînt du changement de régime ou de la seule apreté du climat et de la saison (car c'était au milieu de l'hiver), se trouva tout à coup surpris d'une grande inflammation de poumon, jointe à une grosse fièvre qui lui attaqua d'abord le cerveau. Quand le mal le prit, il n'y avait que deux jours qu'il s'était acquitté des devoirs d'un bon chrétien ; et dans l'agitation et l'ardeur de sa fièvre, pour montrer que les saintes pensées qu'il avait eues lors, étaient encore bien profondément gravées en son esprit, il n'avait pas de plus fréquente rêverie que de s'entretenir de la délivrance prochaine de son âme. Çà mon âme, disait-il, il y a longtemps que tu es captive, voici l'heure que tu dois sortir de ta prison, et quitter l'embarras de ce corps ; il faut souffrir cette désunion avec joie et courage. *Ceux qui savent l'étroite affinité que j'ai avec ceux chez qui il est mort,* ne s'étonneront pas du rapport que je fais de ces particularités, et les ayant apprises de ceux qui étaient présents j'ai cru qu'elles pourraient servir, sinon à la justification de M. Descartes, car il n'en a pas besoin, au moins à détromper ceux qui auraient pu être abusés par de faux bruits. Comme la fièvre commença un peu, non pas à se calmer, mais à quitter le cerveau qu'elle avait occupé tout d'abord, on n'eut pas besoin de lui annoncer la mort, il dit lui-même qu'il voyait bien qu'il fallait partir, et ajouta d'un courage assuré qu'il ne lui fallait pas faire un grand effort pour s'y résoudre, et que durant toute la nuit précédente il s'y était préparé. Cependant ni lui ni les assistants ne croyaient pas que le mal pressât si fort, et l'on fut bien étonné que la nuit suivante on le vit tourner entièrement à la mort. On appela promptement l'aumônier de Monsieur l'ambassadeur de France chez qui il demeurait, mais à son arrivée le malade ne parlait déjà plus. Ce religieux aumônier qui l'avait ouï en confession peu de jours auparavant, et qui sait que ce que je dis est véritable, lui faisant les exhortations ordinaires, le pria, s'il l'entendait encore et s'il voulait recevoir de lui la dernière bénédiction, qu'il lui fît quelque signe. Aussitôt il leva les yeux au ciel d'une façon toute chrétienne et qui montrait une parfaite résignation à la volonté de Dieu. La bénédiction donnée, tout le monde étant à genoux, on lut les prières des agonisants (car pour le sacrement des malades, le défaut des choses nécessaires ne permettait pas qu'on le lui pût administrer), et cependant le malade rendit l'esprit avec une tranquillité digne de l'innocence de sa vie. »

Au musée du Louvre, Franz Halz a peint Descartes sous une physionomie sévère. Tête énergique, front large, sourcils épais, nez proéminent. Les yeux grands ouverts sous de hautes paupières, ont de la douceur, mais la bouche large se relève avec quelqu'ironie et la lèvre inférieure ressort avec une expression de hautaine obstination. La gravité du visage s'éclaire d'un rayon de bonté.

Par sa définition purement géométrique de la matière, Descartes réagit contre les qualités occultes de l'ancienne scholastique. Il n'y a, bien entendu, qu'une seule matière, un seul mouvement qui se conserve indéfiniment avec son intensité initiale. C'est donc avec un certain mépris qu'il parle des chimistes, ces hommes dont la science consiste à employer des mots inconnus du vulgaire.

« Je souscris en tout, écrit-il à un gentilhomme, au jugement que votre excellence fait des chimistes, et crois qu'il ne font que dire des mots hors de l'usage commun, pour faire semblant de savoir ce qu'ils ignorent. Je crois aussi que ce qu'ils disent de la résurrection des fleurs par leur sel, n'est qu'une imagination sans fondement, et que leurs extraits n'ont d'autres vertus que celles des plantes dont ils sont tirés. Ce que l'on expérimente bien clairement, en ce que le vin, le vinaigre et l'eau-de-vie, qui sont trois divers extraits qu'on peut faire des mêmes raisins, ont des goûts et des vertus si diverses. Enfin, selon mon opinion, leur sel, leur soufre et leur mercure ne diffèrent pas plus entre eux que les quatre éléments des philosophes, ni guère plus que l'eau diffère de la glace, de l'écume et de la neige, car je pense que tous les corps sont faits d'une même matière, qu'il n'y a rien qui fasse de la diversité entre eux ; sinon que les petites parties de cette matière ont d'autres figures, ou sont autrement arrangées que celles qui composent les autres. »

Pour juger sainement de cet absolutisme de Descartes dont la physique ne dépasse pas les bornes de notre géométrie actuelle, il faut remonter au xvii° siècle, à cette réaction dont il donna le signal et qui fut dirigée contre l'Ecole d'Aristote, depuis longtemps infertile pour la science.

Parmi les catégories où l'organon classait les idées humaines, les substances et les accidents de ces substances formaient les premiers degrés. Les accidents se divisaient eux-mêmes en grandeurs ou quantités et en qualités.

L'arithmétique qui groupe, additionne et combine les quantités, la géométrie qui joint à ces opérations sur les quantités la notion de certaines qualités des figures, des mouvements propres, des dispositions, suffisaient à la physique de Descartes.

Le physicien étend aujourd'hui ses méditations au delà des raisonnements du géomètre, il ne saurait négliger les qualités nombreuses des corps qui ne peuvent, à la vérité, s'additionner comme les quantités, mais qui semblent modifier profondément la matière. Ces qualités, du reste, peuvent être généralement attribuées à des mouvements, à des vibrations bien distinctes du mouvement relatif de Descartes. Telles sont la nature chimique, la chaleur, la lumière, l'électricité, l'actinisme, tous les mouvements, en un mot, auxquels l'état des découvertes scientifiques ne permettait pas encore à Descartes d'attribuer leur importance véritable.

Pas plus qu'au temps de Descartes, ces qualités *occultes* de l'Ecole ne sont encore clairement et distinctement connues de nous, à tout le moins est-il impossible de méconnaître les progrès considérables accomplis dans la recherche et la mesure de leurs effets, sur nos sens et sur les instruments multiples par lesquels nous avons étendu l'action de nos sens et suppléé à leur imperfection.

Au reste, Descartes ne méconnaît pas la nature de ces qualités qu'il attribue à des mouvements des parties des corps, surtout des parties des corps fluides et liquides. Et par fluides il entendait, aussi bien que les gaz, la matière subtile qui remplit les intervalles des corps. Ne sont-ce pas là ces mouvements moléculaires sur lesquels repose aujourd'hui notre science physique? L'univers de Descartes est un univers de cristal où tout est diaphane, tout est évident, tout résulte des évidences de la pensée, tout, en vérité, n'est autre chose que la pensée elle-même. Cette transformation hardie de la science des anciens, si obscure dans ses déduc·tions, a-t-elle pu réellement arrêter pendant plus d'un siècle la marche de l'esprit humain, comme l'ont prétendu plusieurs juges sévères? N'a-t-elle pas, au contraire, donné quelque rapide essor aux investigations précises, systématiques, scientifiques des disciples conscients ou inconscients de Descartes, en leur imposant tout au moins la notion « claire et distincte » d'un mécanisme dont les rouages invisibles peuvent affecter à la rigueur, et suivant l'ingéniosité de l'artisan, diverses formes pratiquement équivalentes, dont les aiguilles, toutefois, marquent des lois immuables et simples? Et la méthode expérimentale, créée déjà par Galilée, en même temps que l'emploi des instruments et l'usage de la langue géométrique et de ses déductions, a fourni les termes précis, les lois fondamentales de cette marche des aiguilles, de cette heure du monde. Képler, Huygens ont réduit à des formes purement géométriques ces grands effets des causes également géométriques de Descartes.

Et c'est alors que le génie de Newton vient simplifier les organes cachés de l'univers et rejeter à l'abîme, au néant, l'immense matière des cieux, ce second élément subtil et transparent où flottent les étoiles, le soleil, les plantes et notre terre. Le souffle divin n'a pu produire le vide dans un simple ballon de cristal, car Dieu ne peut créer l'erreur et le péché dans le monde pensant, le vide dans le monde matériel; Dieu ne peut créer le néant. Le souffle de Newton chasse la matière des espaces et crée le vide de l'immensité, et cependant la pirouette infime qu'est la terre ne projette pas dans ce gouffre la poussière ténue de ses habitants.

Qu'a-t-il fallu à Newton pour accomplir cette prodigieuse révolution, ajouter à la minuscule fraction par lui conservée de la matière du monde une qualité indépendante de l'extension, la masse ; la soumettre à une force indépendante du mouvement, l'attraction ? Il est vrai que les disciples de Newton insistent sur la prudence de leur maître, sur le *quasi ut si* de ses raisonnements. Tout se passe comme si les corps se mouvant dans le vide, dans une direction et avec une vitesse initiales, étaient attirés par une force proportionnelle au produit de leur masse par le carré de leurs distances. Mais il convient alors, pour rendre pleine justice à son illustre devancier Descartes, de mettre en évidence la première définition que le grand philosophe ait fournie des mouvements célestes. C'est la fronde dont la corde modifie le mouvement naturellement rectiligne de son projectile, et la tension de cette corde est mesurable par l'effort de la main. L'entendement de Descartes n'a pu concevoir l'existence de ce fil invisible qui retiendrait le satellite prisonnier de sa planète ou de son soleil, il a remplacé la tension de ce fil par la compression antagoniste de la matière des cieux. Newton n'hésite pas à donner corps à ce fil invisible, il peut alors supprimer la matière des cieux, mais cette action rectiligne est une fiction, une simple résultante des forces du mécanisme inconnu. Descartes a connu cet artifice, il a refusé de lui concéder une réelle existence, et de recourir d'une façon certaine aux qualités occultes, aux sympathies et aux antipathies de l'Ecole.

Newton se garde d'ailleurs de recourir aux hypothèses, soit physiques, soit métaphysiques, pour expliquer l'action de gravité. Sa philosophie purement expérimentale consiste à relier dans une loi commune d'une interprétation géométrique précise, les causes intimes de chaque phénomène particulier. Il n'hésite pas à proposer les principes du mouvement, tout en laissant de côté la recherche des causes. Mais ce n'est pas ici le moment d'étudier l'œuvre immense du philosophe anglais, de la comparer même à l'œuvre de Descartes, son prédécesseur, et par conséquent son maître. Quels que soient les progrès dus à Newton, on est forcé de reconnaître que Descartes a, le premier, construit un système approprié à l'état de la science contemporaine.

Un de ses détracteurs les moins indulgents, d'Alembert, écrivait au xviiie siècle :

« Ces tourbillons, devenus aujourd'hui ridicules, on conviendra, j'ose le dire, qu'on ne pouvait alors imaginer mieux. Les observations astronomiques qui ont servi à les détruire étaient encore imparfaites ou peu constatées ; rien n'était plus naturel que de supposer un fluide qui transporte les planètes ; il n'y avait qu'une longue suite de phénomènes, de raisonnements et de calculs, et par conséquent une longue suite d'années qui pût faire renoncer à une théorie si séduisante. Elle avait d'ailleurs l'avantage singulier de rendre raison de la gravitation des corps par la force centrifuge du tourbillon même, et je ne crains pas d'avancer que cette explication de la pesanteur est une des plus belles et des plus ingénieuses hypothèses que la philosophie ait jamais imaginées. Aussi, a-t-il fallu, pour l'abandonner, que les physiciens aient été entraînés comme malgré eux par la théorie des forces centrales et par des expériences faites longtemps après. Reconnaissons donc que Descartes, forcé de créer une physique toute nouvelle, n'a pu la créer meilleure, qu'il a fallu pour ainsi dire passer par ces tourbillons pour arriver au vrai système du monde, et que s'il s'est trompé sur les lois du mouvement, il a du moins deviné le premier qu'il devait y en avoir. »

Une réflexion s'impose à mon avis à ceux qui lisent avec attention l'original des œuvres de Descartes, et non les comptes rendus de ces œuvres. Les objections que l'on adresse communément à ses théories portent souvent ou tout au moins portent quelquefois sur des points que Descartes a eu la prudence de ne pas trancher, ou même sur des affirmations édifiées par ses disciples les plus illustres, mais que le maître avait constamment refusé d'accepter. Pour être plus général, il est admis que la doctrine de Descartes, en matière de physique, est le mécanisme, et c'est ainsi que l'on attribue assez gratuitement à Descartes la paternité des systèmes physiques reposant sur l'étude d'un mécanisme. M. P. Duhem, professeur à la Faculté des sciences de Bordeaux, dans un opuscule sur l'évolution des théories physiques dont la lecture m'a inspiré, je dois le reconnaître, plusieurs arguments fort remarquables de cette étude, place sous l'égide de Descartes les théories de Maxwell sur la théorie cinétique des gaz. Cette explication du mouvement thermodynamique des gaz, fondée sur le mouvement et le choc de leurs molécules, ne peut, dit-il, éviter l'intervention des actions moléculaires de Newton, et Maxwell doit les invoquer pour éviter les désaccords de la théorie et de l'expérience. En admettant que cette théorie provienne de l'Ecole cartésienne des Bernouilli, conservée et développée en Suisse, alors que la physique newtonienne triomphait dans toutes les académies d'Europe, il serait fort injuste de lui donner en rien l'autorité de Descartes, au moment surtout où les critiques si remarquables de M. Poincaré d'abord, puis de M. Joseph Bertrand, viennent de lui enlever le soutien de ses théorèmes fondamentaux, de ses formules maîtresses, dont la rigueur a été justement contestée par ces illustres géomètres.

Cette théorie antique des gaz se rattacherait bien plus justement aux principes de Démocrite que Descartes rejette formellement, non parce qu'ils s'appliquent à des molécules trop petites pour tomber sous nos sens, mais 1° parce qu'ils supposent que ces molécules sont indivisibles, 2° parce qu'ils admettent du vide entre ces molécules, 3° parce qu'ils leur attribuent une qualité propre, la pesanteur, toutes choses que Descartes repousse énergiquement.

Hirn, que M. Duhem range parmi les newtoniens convaincus, admet à la vérité le principe de la force, mais tout en

regardant les attractions et répulsions mutuelles des molécules comme des propriétés premières, irréductibles et essen-
tielles de ces molécules, il demande pour la propagation de
la force un milieu animique continu.

Huyghens, tout en admettant que les principes de Descartes sont les seuls certains, parce qu'ils n'excèdent pas la
portée de notre entendement, déclare qu'ils ne permettent
pas de justifier les lois de la pesanteur et celles de la lumière.
Il va plus loin en acceptant sans difficulté le vide qu'il juge
nécessaire au mouvement des petits corpuscules entre eux.
A l'étendue, l'essentiel attribut de la matière cartésienne, il
joint la dureté parfaite, l'impénétrabilité, l'impossibilité d'être
rompue ou écrasée. Huyghens se sépare ainsi de Descartes
sur des points absolument essentiels, et l'on ne saurait
tirer de ses travaux aucun argument contre le maître.
Huyghens a complété le système de la transmission lumineuse de Descartes par l'hypothèse des ondulations qui ont
été adoptées par Young et Fresnel, et ont prévalu sur celle
de l'émission newtonienne. Descartes n'avait pas précisé les
détails de cette transmission de l'agitation lumineuse, et sa
prudence a laissé le champ libre à d'autres théories qui sup-
poseraient une agitation hélicoïdale de l'éther, un mouvement tourbillonnaire en un mot.

Certes, il serait impossible de justifier Descartes de l'erreur
qu'il eût commise en attribuant une vitesse infinie à la lumière ; je laisse à d'autres le soin d'examiner si cette erreur
est fondamentale et comporte la destruction du système entier. Elle ne figure pas du moins dans les *Principes de la
philosophie.*

J'en arrive aux questions de mouvement de masse et de
force. La quantité de mouvement est constante en ce monde,
et cette loi, dit-on, est insuffisante et inadmissible. Le mouvement de Descartes est un mouvement relatif, et cette quali-
fication n'a pas eu pour but, comme on l'a dit, d'éviter par
un subterfuge la condamnation encourue par Galilée pour
avoir admis la rotation de la terre. A ceux qui le prétendaient

alors, Descartes répond dédaigneusement qu'ils n'ont rien compris à sa philosophie.

Le nautonier, couché dans son navire, voit défiler les arbres du rivage et cependant il n'éprouve aucun déplacement par rapport au navire, il est véritablement au repos. Ce navire lui-même, s'il parcourt en sens inverse du mouvement terrestre et avec la même vitesse le parallèle où il navigue, est au repos par rapport aux étoiles et cependant il se meut. En vérité, nul point de l'univers n'est en repos, il n'y en a pas plus dans le mouvement que dans le repos, il faut autant d'effort pour arrêter un corps que pour le mouvoir.

Notre mécanique moderne, la thermodynamique, n'admettant pas cette équivalence du mouvement relatif et du mouvement propre, elle veut, dit-on, que le mouvement ait un sens absolu, corresponde à une réalité. Mais Descartes a clairement conçu le mouvement moléculaire, l'agitation, l'énergie. Cette agitation produit le feu, la lumière, et lorsqu'elle se ralentit, la chaleur, orientée, c'est l'électricité, et ici l'on doit admirer l'intuition merveilleuse qui lui a révélé cette matière cannelée spiraloïde qui participe de la nature du feu et traverse les aimants comme une vis son écrou ; n'est-ce pas l'idée du solénoïde qu'Ampère, le premier, sut construire après la découverte des courants électriques de la pile de Volta ?

La masse des corps matériels est encore un mouvement moléculaire, une agitation de la partie fluide de ces corps plus grande dans l'or que dans la pierre, et dans ce sens peut-on véritablement mettre en opposition formelle la conservation du mouvement de Descartes avec notre actuelle conservation de l'énergie ? Certes, Descartes ne pouvait ni prévoir ni expliquer les théorèmes de Sadi Carnot, de Robert Mayer, de Joule, de Colding, de Helm Holtz, de Clausius ; peut-on lui reprocher de n'avoir pas fourni d'arguments à cette science dynamique qui naissait à peine avec Galilée ? La force pour lui ne réside pas dans le mobile, mais dans le moteur, c'est une transformation du mouvement de ce moteur,

mais répétons que Descartes admet les mouvements moléculaires de la matière et, par suite, la force moléculaire. Rien
ne prouve qu'on ne parviendra pas à tirer les lois de l'énergie de la connaissance d'une matière uniforme, continue,
dépourvue de vide, de la matière cartésienne en un mot.

Les lois de la chimie tendent de plus en plus à se relier
aux lois de l'électricité, les derniers travaux de M. Berthelot
viennent de donner à l'effluve électrique toute sa puissance
créatrice, et nous aurons à voir si cet effluve n'est pas simplement une forme du mouvement tourbillonnaire. Il n'est
pas, en tous les cas, de chimiste aujourd'hui qui ose nier formellement les transformations possibles de la matière des
corps simples, témoin les récentes recherches effectuées en
Angleterre par l'Ecole de Crooks sur la mutation des terres
rares, yttrium, etc. L'hypothèse d'une matière unique n'a
déjà plus rien d'absurde et je dirai même d'improbable.

Descartes reconnaît que l'air atmosphérique est un mélange
de plusieurs matières différentes.

Enfin, je citerai comme une coïncidence au moins bizarre,
un de ces bonheurs que seul rencontre le génie, cette formation électrique des taches du soleil par la matière cannelée.
Les travaux de MM. Zenger, Deslandres, Goldstein, etc., ne
démontrent-ils pas que les taches solaires sont pour nous le
centre d'émanations cathodiques, électriques, et ces émanations directes de l'énergie électrique solaire prennent une
part prépondérante dans la production des phénomènes météorologiques terrestres.

Aujourd'hui, la théorie des tourbillons de Descartes et la
théorie moléculaire de Newton ne suffisent plus à expliquer
tous les phénomènes de la physique et des sciences. Il n'y a
plus lieu dès lors de louer ou de blâmer ces deux savants de
leur plus ou moins de prudence ou d'audace. Tous deux ont
servi noblement la science, et avec les moyens appropriés
aux époques si rapprochées cependant de leurs recherches.
Mais on peut dire que rien ne vient infirmer cette opinion du
plus audacieux, de Descartes, que les vertus et qualités des

corps sont dus à des mouvements dont il sera longtemps encore difficile de donner une exacte définition.

Joseph Bertrand a émis cette opinion bien originale que l'imperfection même des instruments de mesure créés par la science avaient facilité les grandes découvertes. Cette imperfection, en atténuant l'irrégularité des mouvements de la matière, a permis de donner de ces mouvements une définition géométrique simple, une image sommaire. Peu à peu, la formule s'est compliquée, l'image s'est précisée. Les lois de Képler et celles de Newton ne suffisent plus à représenter rigoureusement les phénomènes de la nature. Et cette complexité réelle, nous en trouvons une affirmation perpétuelle en toutes les œuvres de Descartes qui la pressentait. La géométrie du monde créé n'a aucune raison d'être simple, et Dieu n'a jamais senti le besoin de la mettre à la portée de notre humble entendement.

Je n'hésite pas à résumer ici fort complètement le livre des *Principes de la philosophie* (1) de Descartes. Je ne crois pas que cette œuvre vraiment française ait été tentée jusqu'à ce jour. On s'est contenté d'en citer des extraits que leur isolement détourne trop souvent de leur véritable signification. Je n'ai intercalé dans ce modeste travail aucune réflexion personnelle, afin de ne pas obscurcir un tableau que je voulais éclairer de sa pleine lumière. Je me suis même efforcé de respecter la couleur du style de Descartes, en un mot, je me suis effacé autant que possible devant le maître. Je serais heureux d'avoir ainsi facilité la lecture, parfois un peu pénible, d'un traité que nos connaissances actuelles nous obligent à mettre en valeur d'une manière bien précise, avec un relief absolument déterminé.

(1) La condamnation de Galilée détermina Descartes, partisan comme lui de la rotation de la terre, à « brûler tous ses papiers ou du moins à ne les montrer à personne ». Nous ne connaissons donc son œuvre maîtresse « *Le Traité du monde* » que par deux résumés ou fragments : les *Principes* et les *Mondes*.

CHAPITRE II

Analyse des principes de la Philosophie de Descartes

—

PREMIÈRE PARTIE

Des principes de la connaissance humaine

Pour examiner la vérité, il est besoin une fois dans sa vie de mettre toutes choses en doute autant qu'il se peut. Il est utile aussi de considérer comme fausses toutes les choses dont on peut douter, en réservant toutefois la conduite de nos actions. Les occasions d'agir en nos affaires se passeraient presque toujours avant que nous puissions nous délivrer de tous nos doutes. La raison veut donc que nous prenions un parti toutes les fois que l'action ne souffre aucun délai.

Nous pouvons douter de la vérité des choses sensibles puisqu'en nos rêves nous avons une perception menteuse.

Nous pouvons même douter des démonstrations de mathématiques, car il est manifeste que malgré l'évidence des principes, plusieurs hommes se sont mépris en raisonnant sur ces matières, enfin parce que Dieu tout-puissant a pu vouloir permettre que notre imparfaite nature se trompât sur ce que nous pensons le mieux connaître. Mais dans l'hypothèse même où notre puissant créateur aurait pu prendre plaisir à nous tromper, il est clair cependant qu'il nous a laissé une liberté telle que nous pouvons nous abstenir de recevoir en notre croyance les choses que nous ne connaissons pas bien, et ainsi nous empêcher d'être jamais trompés.

Ce doute général établit du moins l'existence de notre pensée, de notre âme. « *Cogito, ergo sum* » est la première conclusion certaine qui se présente à celui qui conduit ses pensées par ordre. Et cette conclusion repose sur des notions

innées en nous et si claires qu'on les obscurcit à les vouloir
définir à la façon de l'Ecole, à savoir les notions de pensée,
de certitude d'existence.

L'existence de l'âme, ayant pour attribut la pensée, est une
certitude de premier ordre. Penser, en effet, c'est ici tout ce qui
se fait en nous, de telle sorte que nous l'apercevions immédiatement par nous-même. C'est entendre, vouloir, imaginer,
mais c'est aussi sentir. Or si je dis que je vois, que je marche, entendant par là l'acte de mes yeux, de mes jambes, et
si j'infère de là que je suis, on pourra mettre en doute cette
conclusion, car, dans le sommeil, il me semble parfois faussement que je vois, que je marche. Mais si je parle seulement
de l'action de ma pensée, ou du sentiment, c'est-à-dire de la
connaissance qui est en moi, qui fait qu'il me semble que je
vois ou que je marche, cette même conclusion est si absolument vraie, que je n'en puis douter, parce qu'elle se rapporte
à l'âme qui seule a la faculté de sentir ou bien de penser en
quelque façon que ce soit.

L'existence du corps ayant pour attribut l'extension, le volume, l'étendue, est une certitude moins parfaite, car si je me
persuade qu'il y a une terre parce que je la vois, je la touche,
de cela même, par une raison encore plus forte, je dois être
persuadé que ma pensée est ou existe. Mon âme peut-elle
n'être rien pendant qu'elle a cette pensée? L'existence du
corps est donc entièrement subordonnée à celle de l'âme qui
le perçoit.

Et combien se sont trompés grossièrement les philosophes
qui ont donné le premier rang de certitude aux perceptions
de leurs sens corporels, méconnaissant ainsi, à défaut de la
méthode, la nature distincte de leur âme.

L'existence de Dieu doit s'élever au-dessus de ces deux
existences, d'une évidence inégale, celle de l'âme, de l'esprit,
celle du corps, de la matière. L'âme humaine ne saurait méconnaître ce qu'elle trouve en elle-même. Elle peut rencontrer aussi quelques notions communes dont elle compose des
démonstrations qui la persuadent si absolument qu'elle ne

saurait douter de leur vérité, pendant qu'elle s'y applique.
Par exemple, elle a en soi les idées des nombres et des figures,
elle a aussi entre ses communes notions, que si l'on ajoute
des quantités égales à d'autres quantités égales, les touts seront égaux, et beaucoup d'autres aussi évidentes que celle-ci,
par lesquelles il est aisé de démontrer que les trois angles d'un
triangle sont égaux à deux droits. Or, tant qu'elle aperçoit
ces notions communes et l'ordre dont elle a déduit cette conclusion ou d'autres semblables, elle est très assurée de la vérité
de ces conclusions, mais comme elle n'y saurait toujours penser avec tant d'attention, il lui arrive de se souvenir de quelque conclusion, sans prendre garde à l'ordre dont elle peut
être démontrée, et cependant de penser que l'auteur de son
être aurait pu la créer de telle nature, qu'elle se méprît à
tout ce qui lui semble très évident. Elle ne saurait donc avoir
de science certaine avant de connaître celui qui l'a créée.

Cette existence de Dieu peut se prouver par cela seul que
la nécessité d'être ou d'exister soit comprise en la notion que
nous avons de lui, de sa perfection. C'est la preuve de saint
Anselme : *Ens cujus ex essentia sequitur existentia, si est
possibilis existit.* C'est par l'abandon de nos préjugés que
nous verrons clairement que la *nécessité* d'être, comprise
dans la notion que nous avons de Dieu, n'est pas comprise
dans la notion que nous avons d'autres choses, mais seulement le *pouvoir* d'être.

Autres preuves. Il est aisé d'apercevoir que s'il n'y a pas
grande différence entre les diverses idées qui sont en nous,
lorsque nous les considérons simplement comme des dépendances de notre âme ou de notre pensée, cette différence
grandit quand nous considérons que l'une de ces idées représente une chose et l'autre une autre chose. Et même la
cause de ces idées doit être d'autant plus parfaite que ce
qu'elles représentent de leur objet a plus de perfection.
N'en est-il pas ainsi de l'idée que nous nous faisons d'une machine fort ingénieuse. L'artifice qui nous est présenté dans
cette idée n'est-il pas sa première et principale cause, non

seulement *par imitation,* mais *en effet* de la même sorte et d'une façon plus éminente qu'il n'est représenté. Ces grandes perfections de Dieu n'ont pu venir à notre entendement d'objets moins parfaits, nous ne saurions avoir une idée, une image de quoi que ce soit, s'il y a en nous ou ailleurs un original, qui comprenne en effet toutes les perfections qui nous sont ainsi représentées.

Encore que nous ne puissions comprendre tout ce qui est en Dieu parce que la nature de l'infini est telle que les pensées finies ne le sauraient comprendre, nous le concevons néanmoins plus clairement et plus distinctement que les choses matérielles, parce qu'étant plus simple et n'étant point limité, ce que nous en concevons est beaucoup moins confus. Or il est évident que cette connaissance que nous avons des perfections infinies qui sont en Dieu, indique que nous ne nous sommes pas donné l'être, car nous aurions mis en nous toutes les perfections que nous connaissons sans les posséder. Dieu notre créateur existe donc, et la faible durée de notre existence prouve qu'il n'y a pas en nous de force capable de nous produire et de nous conserver un seul moment.

Celui qui a la puissance de nous faire subsister hors de lui, qui nous conserve, doit se conserver lui-même et par lui-même. C'est Dieu. Et cette preuve a l'avantage de nous faire connaître tous les attributs de Dieu, autant qu'ils peuvent être connus par la seule lumière naturelle. Nous voyons clairement qu'il est éternel, tout connaissant, tout puissant, source de toute bonté et vérité, créateur de toutes choses. Dieu est indivisible, il n'est donc pas un corps; il est indépendant, donc il n'a pas de sens, car les sens qui sont pour nous un avantage, agissent en nous par des impressions qui viennent du dehors, ce qui témoigne de la dépendance. Il entend, veut et fait, non par des opérations différentes, comme nous entendons, voulons et faisons, mais par une même et très simple action. Il entend, veut et fait tout, c'est-à-dire toutes les choses qui sont en effet, car il ne veut pas la malice du péché parce qu'elle n'est rien.

Pour passer de la connaissance de Dieu à celle des créatures, il faut se souvenir que notre entendement est fini et la puissance de Dieu infinie, et cette considération nous amène à admettre les mystères qu'il a daigné nous révéler, celui de la Trinité, de l'Incarnation, par exemple.

Nous ne devons pas tâcher de comprendre l'infini, mais seulement penser que tout ce en quoi nous ne trouvons aucune borne est indéfini. C'est à Dieu seul que nous réservons le nom d'infini. Pour ce qui est des autres choses auxquelles nous ne concevons pas de limites, nous admettrons que cela procède du défaut de notre entendement et non de leur nature. N'ayons pas davantage la prétention de nous associer aux conseils de Dieu et d'examiner pour quelle fin Dieu a fait chaque chose, mais seulement par quel moyen il a voulu qu'elle fût produite. Ce que nous aurons une fois aperçu clairement et distinctement appartenir à la nature des choses, à la perfection d'être vrai. Et rejetons tout d'abord l'idée que Dieu soit la cause de nos erreurs. La volonté de tromper ne procède que de malice ou de crainte et de faiblesse, et par conséquent ne peut être attribuée à Dieu.

Or, si Dieu n'a pas voulu prendre plaisir à nous créer tels que nous fussions trompés en toutes choses qui nous semblent très claires, nous pouvons nous délivrer des doutes hyperboliques que nous avions émis tout d'abord au sujet de la sincérité de cette faculté de connaître que nous appelons lumière naturelle. Les vérités mathématiques ne nous seront plus suspectes, puisqu'elles sont évidentes. Les notions mêmes fournies par nos sens, dans le sommeil ou dans la veille, nous mèneront à la vérité, si nous savons séparer ce qu'elles ont de clair et de distinct de ce qui sera obscur et confus.

Nos erreurs, au regard de Dieu, sont des négations ; elles indiquent que Dieu ne nous a pas donné tout ce qu'il pouvait nous donner, mais aussi ce qu'il n'était pas tenu de nous donner. Mais, au regard de nous, ce sont des défauts et des imperfections.

C'est qu'il y a en nous deux sortes de pensées, à savoir : la perception de l'entendement, et l'action de la volonté. La première est indispensable ; car il n'y a pas d'apparence que notre volonté se détermine sur ce que notre entendement n'aperçoit en aucune façon ; mais comme la volonté est absolument nécessaire afin que nous donnions notre consentement à ce que nous avons aperçu, et qu'il n'est pas nécessaire, pour faire un jugement tel quel, que nous ayions une connaissance entière et parfaite, de là vient que bien souvent nous donnons notre consentement à des choses dont nous n'avons jamais eu qu'une connaissance fort confuse.

La volonté a plus d'étendue que l'entendement, elle est pour ainsi dire illimitée, tandis que l'entendement est fini. C'est donc à l'abus de notre libre volonté qu'il faut imputer nos erreurs et nullement à Dieu notre créateur. L'étendue de notre volonté nous donne d'ailleurs notre perfection principale : le libre arbitre, qui nous rend libre de louange ou de blâme. Nos erreurs proviennent, non pas de notre nature, mais de notre façon d'agir en l'usage de notre liberté. Cette liberté de notre volonté est une notion commune, évidente, n'est-elle pas apparue d'ailleurs nettement dans les raisonnements qui précèdent, lorsque nous avons mis en doute l'ensemble de nos connaissances, supposé même que celui qui nous a créés employait son pouvoir à nous tromper de toutes façons.

Cette liberté de l'homme n'est d'ailleurs aucunement en contradiction avec la préordination divine. Nous avons assez d'intelligence pour connaître clairement et distinctement que la toute puissance infinie de Dieu a non seulement connu, mais encore voulu de toute éternité ce qui est ou ce qui peut être ; nous n'en avons pas assez pour comprendre tellement l'étendue de cette puissance de Dieu que nous puissions savoir comment elle laisse malgré cela les actions des hommes entièrement libres et indéterminées.

Nous n'avons certes jamais la volonté de faiblir, mais nos erreurs proviennent de ce que nous jugeons des choses que nous n'apercevons pas clairement et distinctement. Souvent aussi nous présumons avoir autrefois connu plusieurs choses, qu'en vérité nous devrions examiner à nouveau avec un soin suffisant, parce que nous n'en avons eu jamais qu'une connaissance inexacte. C'est ici la mémoire qui trahit notre entendement.

Il y a même des personnes qui, toute leur vie, jugent faussement parce qu'elles négligent de fonder leurs jugements sur une connaissance à la fois claire et distincte. Claire, c'est-à-dire présente et manifeste à un esprit attentif ; distincte, c'est-à-dire tellement précise et différente de toutes les autres, qu'elle ne comprend en soi que ce qui paraît manifestement à celui qui la considère comme il faut. La connaissance peut être claire sans être distincte. Il arrive qu'un blessé perçoit nettement la douleur sans pouvoir distinguer nettement l'origine exacte de cette douleur, mais, par contre, la connaissance ne saurait être distincte qu'elle ne soit claire par ce même moyen.

Or, pendant nos premières années, notre âme était si fort offusquée du corps, qu'elle ne concevait rien distinctement, bien qu'elle aperçût plusieurs choses assez clairement. De là, nombre de préjugés qu'il faut chasser de notre mémoire ; et, pour cela, il est utile de faire un dénombrement de toutes les notions simples qui composent nos pensées, de séparer ce qu'il y a de clair ou d'obscur en chacune d'elles.

Distinguons les choses qui ont quelqu'existence propre des vérités qui ne sont rien hors de notre pensée. Toutes nos connaissances rentrent dans ces deux genres.

Pour les choses nous avons certaines notions générales qui se peuvent rapporter à toutes, par exemple la substance, la durée, l'ordre, le nombre, etc. ; puis de plus particulières qui servent à les distinguer. La principale de ces distinctions est que, parmi les choses créées, les unes sont intellectuelles, c'est-à-dire sont des substances intelligentes ou des propriétés de ces substances ; les autres sont corporelles, c'est-à-dire sont des corps ou des propriétés des corps. L'enten-

dement et la volonté appartiennent à la substance qui pense ;
la grandeur, l'étendue, la figure, le mouvement, l'arrangement et la divisibilité des parties se rapportent aux corps.

Il y a encore certaines choses que nous expérimentons par
des moyens qui dépendent de l'étroite union de notre âme et
de notre corps, ce sont les appétits, les émotions, les passions, tous les sentiments comme la douleur, le chatouille-
ment, enfin les perceptions de nos sens : lumière, son,
odeur, goût, chaleur, etc.....

Pour les vérités, elles ne peuvent être ici dénombrées, ce
qui est inutile d'ailleurs, car elles se révèlent clairement à
nous, quand nous avons chassé les préjugés qui nous empêchent de les apercevoir.

Examinons maintenant les choses que nous considérons
comme existantes.

La *substance* est un mot qu'on ne saurait attribuer à Dieu
et aux créatures en même sens. A proprement parler, il
signifie une chose qui n'a besoin que de soi-même pour
exister. Dieu seul est tel ; car la créature ne saurait exister
un seul moment sans être soutenue et conservée par sa puissance.

Cependant, parmi les choses créées, quelques-unes ne
peuvent exister sans quelques autres, nous les distinguerons
d'avec celles qui n'ont besoin que du concours ordinaire de
Dieu, en nommant celles-ci des substances et celles-là des
qualités ou des *attributs* de ces substances.

Ce mot de substance peut s'étendre avec le même sens à
l'âme et au corps dont les attributs seuls peuvent nous prouver l'existence. Chaque substance a un attribut principal qui
constitue sa nature et son essence. Celui de l'âme est la
pensée, comme l'extension est celui du corps. Les autres attributs de la substance ne sont pas essentiels et tous dépendent de l'attribut essentiel. Nous pouvons concevoir l'âme
pensante sans l'imagination, sans le sentiment ; le corps
étendu sans la figure ou sans le mouvement ; mais nous ne
saurions, par contre, concevoir l'imagination, le sentiment

en dehors de la pensée, la figure, le mouvement en dehors de l'étendue, de l'espace occupé par les corps ou de l'espace dans lequel ils se meuvent.

Nous pouvons donc avoir des pensées distinctes, de la substance qui pense, de la substance corporelle et enfin de Dieu. Cette dernière étant du reste incomplète en raison de la faiblesse de notre entendement, nous devons n'y rien ajouter qui soit une fiction de notre entendement.

Nous pouvons concevoir aussi la durée, l'ordre et le nombre, ce sont là des *façons* ou *modes* bien distincts des *qualités* et *attributs*.

Ce qui dispose et diversifie la substance se nomme façon ou mode. Lorsque cette disposition ou changement peuvent servir à dénommer la substance, je les appelle qualités. Enfin, lorsque ces modes ou qualités sont en la substance et que je les considère simplement comme les dépendances de cette substance, je les nomme attributs. Dieu, qui ne saurait varier ni changer, n'a que des attributs, et même, dans les choses créées, ce qui se trouve en elles toujours de même, comme l'existence et la durée en la chose qui existe et qui dure, je le nomme attribut et non pas mode et qualité.

De ces qualités ou attributs plusieurs appartiennent aux choses, d'autres dépendent de notre pensée. Exemple, le temps que nous distinguons de la durée prise en général, et que nous disons être le nombre du mouvement, n'est rien qu'une certaine façon dont nous parlons de cette durée, en la comparant, par exemple, à la durée de certains mouvements périodiques réguliers qui sont les jours et les années. De même, le nombre que nous considérons en général, sans faire réflexion sur aucune chose créée, n'existe pas en dehors de notre pensée, non plus que toutes les idées générales que dans l'école on comprend sous le nom d'universaux.

Les *Universaux* sont au nombre de cinq, à savoir : le *genre*, l'*espèce*, la *différence,* le *propre* et l'*accident*.

Le triangle est un genre universel de figures ; le triangle rectangle est une espèce universelle de triangles, dont la dif-

férence universelle est l'angle droit, dont la propriété universelle est la propriété du carré de l'hypoténuse. Enfin le
triangle peut se déplacer, se mouvoir, ce qui est un accident
universel.

Viennent ensuite les *distinctions*, qui peuvent être *réelles*
lorsqu'elles diversifient les substances, comme celle qui distingue l'âme du corps. Nous pouvons conclure que deux substances sont réellement distinctes l'une de l'autre, de ce que
nous pouvons concevoir clairement et distinctement la première sans penser à l'autre ; *modales* lorsqu'elles diversifient
les modes ou façons d'avec leur substance ou les modes et
façons d'une même substance entre eux. Exemple, le mouvement et la figure corporelle d'avec la substance corporelle
dont ils dépendent tous deux ; assurer et se souvenir d'avec
la chose qui pense, ou bien encore le mouvement d'avec la
figure, assurer d'avec se souvenir. Enfin il y a les distinctions de *raison* qui se font par la pensée. Exemple : il n'y
a point de substance qui ne cesse d'exister quand elle
cesse de durer ; l'existence n'est distincte de la durée que par
la pensée.

Nous pouvons avoir des notions distinctes de l'extension et
de la pensée en tant que l'une constitue la nature du corps
et l'autre celle de l'âme. Nous pouvons également les concevoir distinctement en les prenant pour des modes ou attributs
de ces substances. Considérant par exemple que les âmes peuvent avoir diverses pensées, et les corps diverses grandeurs,
en longueur, largeur et profondeur, nous connaissons donc
ces attributs aussi clairement que leurs substances, à condition toutefois de les considérer comme les qualités de ces
substances, et de ne pas les prendre pour des choses qui subsistent d'elles-mêmes. Nous pouvons concevoir aussi diverses
propriétés et attributs de ces substances, entendement, volonté, imagination, pour l'âme, figure, situation des parties,
mouvement indépendant de la force qui le produit, etc., pour
les corps. Nous pouvons avoir également des notions distinctes de nos sentiments, de nos affections, de nos appétits,

bien que souvent nous nous trompions aux jugements que nous en faisons. Exemple, pour la couleur des objets, que par un préjugé mal fondé nous supposons subsister en dehors de nous, avec une ressemblance absolue de l'idée que nous en avons. Nous pouvons même nous tromper en jugeant que nous ressentons de la douleur en quelque partie de notre corps. Pour éviter ces erreurs, il est nécessaire de chercher en ces notions celles qui peuvent nous tromper et celles que nous percevons clairement.

Mais nous connaissons tout autrement les grandeurs, les figures, le mouvement, au moins celui qui se fait d'un lieu à un autre (car les philosophes, en feignant d'autres mouvements, ont fait voir qu'ils ne concevaient pas bien sa vraie nature).

En résumé, nous pouvons juger de deux manières les objets sensibles. Par la première qui consiste à affirmer témérairement l'existence d'une chose que nous ne connaissons pas bien, la couleur par exemple; nous tombons dans l'erreur; par la seconde qui consiste à ne pas nous prononcer sur la cause exacte des sensations, à ne pas confondre l'apparence colorée avec les propriétés, comme la grandeur, la figure, le nombre, etc... nous évitons l'erreur.

La première et principale cause de nos erreurs provient en vérité de nos préjugés d'enfance dont nous pouvons bien difficilement nous débarrasser, c'est ainsi qu'ayant jugé les étoiles fort petites en notre enfance, nous avons peine à nous rendre aux raisonnements par lesquels les astronomes nous ont démontré, à l'âge mûr, leurs dimensions colossales. D'autres causes de nos erreurs proviennent de la fatigue qu'éprouve notre esprit attentif à toutes les choses que nous jugeons, enfin de notre tendance à attacher nos pensées à des paroles qui ne les représentent pas exactement.

Pour bien philosopher il faut donc nous délivrer de nos préjugés, rejeter toutes nos croyances anciennes pour les examiner à nouveau, et ne recevoir pour vraies que celles qui se présenteront clairement et distinctement à notre entendement. Par ce moyen nous connaîtrons notre âme pensante et Dieu lui-même, nous découvrirons en nous-même la connaissance de propositions qui sont perpétuellement vraies, par exemple que le néant ne peut être l'auteur de quoi que ce soit, etc... Nous y trouverons aussi l'idée d'une substance corporelle étendue qui peut être mue, divisée, etc... et des sentiments que causent en nous certaines dispositions comme la douleur, les couleurs, etc... Comparant ce que nous venons d'apprendre par ces raisonnements avec ce que nous pensions avant notre examen, nous nous accoutumerons à former des conceptions claires et distinctes.

Ce peu de préceptes comprennent les principes les plus généraux et les plus importants de la connaissance humaine. Surtout tenons pour règle infaillible que ce que Dieu a révélé est incomparablement plus certain que le reste.

DEUXIÈME PARTIE

Propriétés des corps

Bien que nous soyons suffisamment persuadés qu'il y a des corps dans le monde en dehors de nous, néanmoins, comme nous avons mis en doute leur existence, il est nécessaire d'établir que la perception de nos sens et aussi la certitude où nous sommes que Dieu n'a pu vouloir nous tromper, nous permet aujourd'hui d'avoir la connaissance certaine, claire et distincte d'une matière étendue, différente de Dieu, différente de notre âme. En outre les sentiments, tels que la douleur, nous démontrent l'union intime de notre âme avec un corps matériel, étendu, capable de se mouvoir par la disposition de ses organes. C'est à cette étroite union que se rapporte la perception de nos sens.

Ces perceptions de nos sens qui sont : la pesanteur, la dureté, la couleur, la chaleur, nous font connaître particulièrement ce en quoi les corps extérieurs nous peuvent profiter ou nuire, mais non pas quelle est leur nature, si ce n'est peut-être rarement et par hasard. Notre entendement seul nous permet d'examiner quelle est la nature essentielle des corps. C'est une substance qui a de l'*extension*.

Cette vérité est obscurcie par les opinions dont on s'est préoccupé touchant la raréfaction et le vide. On a été jusqu'à vouloir distinguer la substance d'un corps d'avec sa propre grandeur, et la grandeur même d'avec son extension. On a cru également qu'il pouvait y avoir un espace sans corps, un espace vide qu'on se persuade n'être rien.

En vérité la raréfaction et la condensation des corps ne consistent qu'en un changement de figure des corps. Nous devons penser qu'il existe entre les parties des corps des intervalles remplis de quelqu'autre corps. Telle une éponge pleine d'eau change de volume et de figure quand on la dilate ou la comprime sans que l'étendue des parties de cette éponge varie bien réellement. Les pores seuls ou intervalles de cette éponge humide sont plus grands que lorsqu'elle est sèche et plus serrée. Ce corps inconnu qui remplit les pores des corps n'est pas visible pour nous mais il existe; car nous ne saurions admettre qu'on puisse augmenter la grandeur et l'étendue d'une chose par un autre moyen qu'en y ajoutant une chose grande et étendue. Au reste la grandeur ne diffère de ce qui est grand ni le nombre des choses nombrées que par notre pensée.

L'extension des corps n'est donc pas un simple accident mais c'est la véritable idée de la substance corporelle, l'espace ou le lieu intérieur et le corps qui est compris dans cet espace, ne diffèrent que dans notre pensée, ils ne diffèrent entre eux que comme la nature du genre ou de l'espèce diffère de la nature de l'individu. Nous pouvons enlever à une pierre sa dureté puisqu'elle peut être pulvérisée, sa couleur, puisqu'elle peut être entièrement transparente, sa pesanteur, puisque le feu qui est un corps est très léger, sa température et toutes les qualités de ce genre. Elle sera toujours une substance étendue, or cela est compris dans l'idée que nous avons de l'espace, non seulement de celui qui est plein de corps, mais encore de celui qu'on appelle vide.

Cependant on peut enlever une pierre de l'espace qu'elle occupe, y substituer d'autres substances, l'eau, l'air et même le vide s'il y en a, pourvu que ces choses aient même grandeur et même figure qu'auparavant, occupent la même situation à l'égard des corps du dehors qui déterminent cet espace.

Le lieu extérieur n'est autre que l'espace environnant le corps. Pour déterminer la position d'un corps, il faut le repérer sur des points supposés immobiles de ce lieu extérieur, tel le navigateur, assis à la poupe du navire, voit s'éloigner de lui les terres voisines. Mais si la terre, animée d'une rotation sur son axe, parcourt un chemin égal à celui du navire et en sens contraire, le même navigateur sera immobile par rapport aux étoiles immobiles du ciel. Mais si nous pensons qu'on ne saurait rencontrer en l'univers un seul point immobile, ce qui peut se démontrer, nous conclurons qu'il n'y a de lieu d'aucune chose au monde qui soit ferme et arrêté, sinon en tant que nous l'arrêtons dans notre pensée.

Le *lieu* doit s'entendre de la situation d'un corps, et l'*espace* de sa grandeur ; la superficie qui environne un corps peut être prise pour son lieu extérieur. Enfin, il ne peut exister de vide ; deux corps s'entretouchent lorsqu'il n'y a rien entre eux, et s'il plaisait à Dieu de retirer toute la matière renfermée dans un vase sans la remplacer par d'autre matière, les parois de ce vase se rapprocheraient immédiatement. La matière est donc caractérisée par son étendue, et il n'y a pas plus de matière dans un vase, qu'il soit plein d'or, de plomb ou d'air, la grandeur des parties dont un corps est composé ne dépend ni de la pesanteur, ni de la dureté, mais seulement de l'étendue, qui est toujours égale dans un même vase.

Il ne peut y avoir aucuns atomes ou petits corps indivisibles ; car si Dieu avait rendu cette partie si petite qu'aucune créature ne la puisse diviser, il n'a pu se priver soi-même du pouvoir de la diviser, ce qui diminuerait sa toute-puissance.

L'étendue du monde n'a point de borne, elle est indéfinie, et la terre et les cieux sont faits d'une même matière. Il ne peut y avoir plusieurs mondes. Les variétés qui sont en la matière dépendent du mouvement de ses parties qui leur donne des dispositions différentes.

Le *mouvement* est l'action par laquelle un corps passe d'un lieu à un autre, telle est la définition commune. Elle ne définit pas si un objet se meut ou ne se meut pas. L'homme assis à la poupe du navire se meut par rapport au rivage, en réalité il est immobile par rapport au vaisseau, il n'existe en lui aucune action motrice, il est au repos. La véritable nature bien déterminée du mouvement, c'est qu'il est le transport d'une partie de la matière ou d'un corps du voisinage de ceux qui le touchent immédiatement, et que nous considérons comme en repos dans le voisinage de quelques autres. Ce mouvement, qu'il faut bien distinguer de la force qui le produit, est toujours dans le mobile et non pas en celui qui meut ; c'est une propriété du mobile et non pas une substance, de même que la figure est une propriété de la chose figurée, le repos une propriété de la chose au repos.

Il n'est pas requis plus d'action pour le mouvement que pour le repos, et il faut tout autant de force pour mettre un bateau en mouvement que pour l'arrêter. Le repos et le mouvement ne sont rien que deux façons diverses dans le corps où ils se trouvent. Le *mouvement propre* d'un corps est unique, il se rapporte aux corps qui touchent le mobile, et seulement à ceux que nous considérons comme étant au repos. Le mouvement qui sépare deux corps ne saurait, d'ailleurs, être plutôt attribué à l'un qu'à l'autre, et cependant on dit que les objets qui se déplacent à la surface de la terre sont en mouvement, parce que l'on ne saurait admettre aisément que la terre se meuve en sens inverse de ces corps supposés immobiles.

Il peut y avoir d'autres mouvements que le mouvement propre. La montre d'un marinier se meut avec lui, avec le navire, avec la mer, avec le cours de la terre qui tourne sur son essieu. Tous ces mouvements sont dans les roues de la montre et, cependant, il nous suffira de considérer le mouvement propre unique dont nous pouvons avoir une connaissance certaine. On peut décomposer ce mouvement unique en plusieurs autres qui le composent : c'est ainsi que dans les roues d'un carosse nous distinguons un mouvement *circulaire* autour de leur essieu, l'autre *droit* qui laisse une trace au long du chemin.

En chaque mouvement, d'ailleurs, il doit y avoir tout un cercle ou anneau de corps qui se meuvent ensemble ; et cela résulte de ce que chaque partie de la matière est tellement proportionnée à la grandeur du lieu qu'elle occupe, qu'il n'est pas possible qu'elle en remplisse un plus grand, ni qu'elle se resserre en un moindre. De là résulte la divisibilité en des parties indéfinies et innombrables, de la matière qui doit remplir successivement les intervalles si petits soient-ils, des matières déformées en ces mouvements circulaires. Cette division est évidente, malgré la difficulté que notre pensée met parfois à la concevoir.

Dieu est la première cause du mouvement, et il en conserve toujours une égale quantité dans l'univers (1). La première loi de la nature est que chaque chose demeure en l'état de repos ou de mouvement où elle est, pendant que rien ne change cet état. Les corps poussés de la main continuent à se mouvoir après qu'elle les a quittés. Enfin, le mouvement se continue suivant une ligne droite. Cependant, la rencontre d'autres matières modifie ce mouvement ; c'est ainsi que lorsqu'un corps se meut, c'est suivant un cercle ou anneau, et cela par une action analogue à celle de la fronde, qui se meut circulairement par suite de la tension de la corde, alors qu'abandonnée à elle-même sa pierre décrit la tangente. Tout corps mu en rond a donc une tendance à s'écarter du centre du cercle qu'il décrit, et cette tendance peut être aisément constatée par l'effort de la main qui tient la corde.

(1) Rien ne nous autorise à dire ici que Descartes, comme on lui en a fait le reproche, ait entendu par quantité de mouvement notre expression géométrique $m\,v$ produit de la masse par la vitesse.

Si un corps qui se meut en rencontre un autre plus fort que soi, il rejaillit et ne perd rien de son mouvement ; s'il en rencontre un plus faible qu'il puisse mouvoir, il en perd autant qu'il lui en donne. Les causes particulières des changements qui arrivent aux corps sont toutes comprises en cette règle, au moins les corporelles. Descartes réserve pour le moment la question de savoir si les anges et les pensées des hommes ont la force de mouvoir les corps.

Suit la théorie du choc des corps *parfaitement élastiques* ou *parfaitement mous*, mais l'explication de ces règles est difficile parce que chaque corps est touché par plusieurs autres en même temps.

Nos sens nous indiquent que les parties des corps fluides cèdent facilement leur place aux objets qu'elles rencontrent, c'est qu'elles sont animées de divers *mouvements* qui leur permettent de se séparer aisément. Les parties des corps durs s'entretouchent, au contraire, sans être en action pour s'éloigner l'une de l'autre, et ne se laissent pas pénétrer ; elles n'ont au reste d'autre ciment entre elles que leur propre *repos*. Nous ne voyons pas, en vérité, ces mouvements de l'air et de l'eau, mais ils sont nécessaires pour expliquer les actions corporelles telle que la corruption.

Ces mouvements des corps fluides tendent également de tous côtés, et la moindre force suffit pour mouvoir les corps durs qu'elles environnent. Un corps ne saurait d'ailleurs être considéré comme entièrement fluide, au regard d'un corps dur qu'il environne, quand quelques-unes de ses parties se meuvent moins vite que ce corps dur. Dans ces conditions, un corps dur, poussé par un autre, ne reçoit pas de lui seul tout le mouvement qu'il acquiert, il en emprunte une partie au corps fluide qui l'environne. Il ne peut, toutefois, se mouvoir plus vite qu'il n'est poussé par la force extérieure, et si le fluide qui l'environne a plus d'agitation, cette agitation se dissipe en plusieurs autres façons. Il ne faut jamais, en effet, en philosophant, attribuer à une cause aucun effet qui dépasse son pouvoir.

Un corps fluide qui se meut tout entier vers quelque côté, emporte néanmoins avec lui tous les corps durs qu'il contient ou environne, et, dans ce cas, il serait impropre de dire que ces corps durs se meuvent réellement.

En résumé, Descartes ne saurait admettre, en physique, d'autres vérités que les vérités mathématiques. Il ne reconnaît d'autre matière des choses corporelles que celle qui peut être divisée, figurée et mue en toutes sortes de façons, c'est-à-dire celle que les géomètres nomment la quantité et qu'ils prennent pour objet de leurs démonstrations. Il ne considère en cette matière que ses divisions, ses figures et ses mouvements. Enfin, touchant cela, il ne veut rien recevoir pour vrai, sinon ce qui en sera déduit avec tant d'évidence qu'il pourra tenir lieu d'une démonstration mathématique. Ces moyens suffisent pour démontrer tous les phénomènes de la nature, et il ne pense pas qu'on doive recevoir et même souhaiter d'autres principes en physique.

TROISIÈME PARTIE

Du ciel

Dans l'application des principes évidents qui précèdent à l'étude de la création, nous devons nous remettre devant les yeux que la puissance et la bonté de Dieu sont infinies, ne pas craindre de faillir en imaginant ses ouvrages trop grands, trop beaux ou trop parfaits, mais plutôt en leur assignant quelques bornes ou limites dont nous n'ayons aucune connaissance certaine. Gardons-nous de rechercher la fin que Dieu s'est proposée en créant le monde, et de nous persuader qu'il l'a fait seulement pour notre usage. En vérité, la piété nous pousse à croire que Dieu a fait toutes choses pour nous, à l'aimer ainsi et à lui rendre grâces de tant de bienfaits, mais dans ce sens seulement qu'il n'y a rien de créé dont nous ne pourrions tirer quelqu'usage, quand ce ne serait que celui d'exercer notre esprit en le considérant et d'être excités à louer Dieu par son moyen. Il serait impertinent de s'appuyer, en physique, de ce raisonnement que Dieu n'ait eu, en créant toutes choses, d'autre but que celui de nous être utile.

Il est bon de passer tout d'abord revue des principaux phénomènes dont nous prétendons rechercher les causes.

La Lune est éloignée de nous de trente diamètres terrestres, le Soleil de six ou sept cents, la Lune est plus petite que la Terre et le Soleil plus grand. Parmi les autres planètes, Mercure est distant du Soleil de plus de deux cents diamètres, Vénus de plus de quatre cents, Mars de neuf cents ou mille, Jupiter de trois mille et davantage, Saturne de cinq ou six mille. Pour ce qui est des étoiles fixes, on peut les supposer aussi éloignées qu'on veut.

La Terre, vue du ciel, paraîtrait une planète moindre que Jupiter ou Saturne. La lumière du Soleil et des étoiles fixes leur est propre, celle de la Lune et des autres planètes est empruntée au Soleil. La Terre est éclairée, comme les autres planètes, par le Soleil, et elle éclaire elle-même, faiblement, à la vérité, la Lune lorsqu'elle est nouvelle.

Le Soleil peut donc être mis au nombre des étoiles fixes et la Terre au nombre des planètes. Les étoiles fixes demeurent toujours également distantes entre elles, les autres astres changent de situation, ce qui fait qu'on les nomme planètes ou étoiles errantes.

Les systèmes de Ptolémée, de Copernic et de Tycho-Brahé ne permettent pas d'expliquer les phénomènes des planètes. Descartes nie le mouvement de la Terre avec plus de soin que Copernic et plus de vérité que Tycho (1).

Il faut supposer, tout d'abord, les étoiles fixes extrêmement éloignées de Saturne, elles ne sont pas disposées sur une sphère mais fort éloignées les unes des autres.

La matière du Soleil ainsi que celle de la flamme est fort mobile, mais il n'est pas besoin pour cela qu'il passe tout

---

(1) Descartes s'est défendu énergiquement d'avoir fait ici une concession politique aux redoutables adversaires de Galilée. La Terre est immobile par elle-même mais elle est emportée par son ciel.

entier d'un lieu en un autre. Il n'a pas besoin d'aliment comme la flamme.

Les cieux sont liquides et transportent avec eux tous les corps qu'ils contiennent, la Terre se repose donc en son ciel, et elle est transportée par lui. Il en est de même des autres planètes. En vérité, malgré ce transport, on ne saurait trouver dans la Terre et les autres planètes aucun mouvement, selon la propre signification de ce mot, puisqu'elles ne sont point transportées du voisinage des parties du ciel qui les touchent, en tant que nous considérons ces parties comme en repos. Si nous attribuons quelque mouvement à la Terre, c'est celui des passagers qui dorment couchés dans le bateau qui les transporte de Calais à Douvres.

Toutes les planètes sont donc emportées autour du Soleil par le ciel qui les contient, la révolution est de trente ans pour Saturne, douze ans pour Jupiter, deux ans pour Mars, huit mois pour Vénus, trois mois pour Mercure. Les corps opaques qui sont les taches du soleil en font le tour en vingt-six jours. Dans ce grand tourbillon qui compose un ciel dont le Soleil est le centre, il y en a d'autres plus petits qu'on peut comparer à ceux qu'on voit quelquefois dans le tournant des rivières, où ils suivent tous ensemble le cours du plus grand qui les contient et se meuvent du même côté que lui. L'un de ces tourbillons a pour centre Jupiter avec ses quatre satellites achevant leurs révolutions en seize et sept jours, quatre-vingt-cinq et quarante-deux heures, et tournant ainsi plusieurs fois autour de lui, pendant qu'il décrit un grand cercle autour du Soleil. De même, le tourbillon dont la Terre est le centre, fait mouvoir la Lune autour de la Terre en l'espace d'un mois, et la Terre même sur son essieu en l'espace de vingt-quatre heures. Et, pendant que ces astres parcourent ensemble le grand cercle qui leur est commun et qui fait l'année, la Terre tourne environ trois cent soixante-cinq fois sur son essieu, et la Lune environ douze fois autour de la Terre.

Toutes les planètes ne sont pas toujours en un même plan,

et leur orbite coupe le plan de l'écliptique suivant un certain angle et en des points qui varient lentement avec les siècles. De plus, les planètes ne sont pas toujours également éloignées d'un même centre.

Ces faits expliquent aisément aux astronomes le phénomène des jours et des nuits, des étés et des hivers, du croissant et du décours de la Lune, des éclipses, des stations et rétrogradations des planètes, de l'avancement des équinoxes, de la variation d'obliquité de l'écliptique.

Tycho admet que la Terre est immobile et que le ciel entier avec ses étoiles se meut autour de son axe, que le Soleil entraîne, dans son mouvement annuel autour de la Terre, son cortège de planètes. Ce mouvement du ciel autour de la Terre immobile est purement imaginaire.

Le mouvement de la Terre autour du Soleil devrait, à la vérité, modifier la situation apparente des étoiles fixes, mais cette modification est insensible en raison de l'éloignement considérable de ces astres, et cet éloignement est nécessaire pour expliquer l'étendue de la course des comètes.

Il n'est pas vraisemblable que les principes si évidents, qui sont fondés sur la certitude des mathématiques, aient pu conduire à une théorie fausse, surtout si cette théorie est en accord avec les expériences. Ce serait faire injure à Dieu de croire que les causes des effets qui sont dans la nature, et qui ont été ainsi trouvées, soient fausses, car ce serait le rendre coupable de nous avoir créés si imparfaits que nous fussions sujets à nous méprendre, lors même que nous usons bien de la raison qu'il nous a donnée.

Et, cependant, Descartes n'a pas la hardiesse d'affirmer que ses propositions sont exactes, certain d'avoir beaucoup fait si toutes les choses qui en seront déduites sont entièrement conformes aux expériences. Il ira même jusqu'à supposer quelques hypothèses *évidemment fausses puisqu'elles sont contraires aux enseignements de la religion*, par exemple que le ciel n'a pas été créé au commencement avec tous ses astres, toutes ses perfections actuelles. Qu'Adam et Eve n'ont pas été créés à l'âge d'hommes parfaits, dans une terre déjà recouverte de sa végétation et peuplée de ses animaux ; par exemple encore, qu'à l'origine Dieu a composé ce monde visible en parties égales entre elles et de grandeur médiocre, et qu'il a attribué à chacune de ces parties une même quantité de mouvement. Ces parties se sont mues à part autour de leurs centres, et elles ont composé le corps liquide qu'on appelle le ciel, formant ainsi autant de tourbillons différents qu'il y a maintenant d'astres dans ce monde.

Ces hypothèses sur l'origine du monde, bien qu'elles ne soient pas absolument justifiées, nous conduisent à des résultats cependant certains, surtout si nous établissons que cette division si parfaite soit modifiée de manière à engendrer les inégalités aujourd'hui constatées dans l'importance de ces tourbillons.

Ces parties du ciel se sont arrondies, les angles ont formé des tourbillons de grandeurs indéfiniment décroissantes et se mouvant avec une rapidité croissante. Cette raclure des grands tourbillons a fourni les trois éléments principaux du monde visible.

1. Ce sont d'abord les éléments séparés de la matière pendant qu'elle s'arrondissait. Ils se meuvent avec une telle vitesse que la force de leur agitation est suffisante pour les froisser et les diviser, à la rencontre d'autres corps, en une infinité de petites parties qui remplissent toujours exactement tous les recoins ou petits intervalles qu'elles trouvent autour de ces corps, ce sont les *êtres lumineux*, les étoiles fixes et le Soleil (1).

2. D'autres éléments formés de sphères fort petites en comparaison des corps que nous voyons sur la Terre, ont cependant quelque quantité (grandeur) déterminée, et peu-

______

(1) Rappelons qu'un disciple injustement ridiculisé de Descartes, le R. P. Noël, définissait la lumière : « un mouvement luminaire des corps *transparents* qui sont mus luminairement par les corps *lucides* ». En nous servant du mot *éther*, créé par lui, nous dirions aujourd'hui : « une vibration lumineuse imprimée à l'éther par un corps incandescent », c'est exactement équivalent (voir p. 12).

vent être divisées en d'autres beaucoup plus petites ; ce sont les *corps transparents*, les cieux.

3. Enfin ceux qui, à cause de leur grosseur et de leurs figures, ne peuvent se mouvoir si aisément que les précédents, constituent les *corps opaques* ou *obscurs*, capables de réfléchir la lumière. La Terre, les planètes, les comètes, rentrent dans cette forme de la matière.

On peut distinguer l'univers en trois cieux. Le premier est le ciel solaire, le tourbillon où nous vivons, le second est celui des étoiles, le troisième, beaucoup plus grand, entoure le second et ne contient rien qui puisse être vu par nous en cette vie.

Le Soleil et les étoiles se sont formés de la condensation des raclures formées par les angles des tourbillons primitifs, et ils ont été ramenés par le mouvement au centre de ces tourbillons, l'effort que font ces éléments pour s'écarter du centre constitue la *lumière* qui se propage à travers les cieux.

Cet effort de choses inanimées ne résulte pas d'une inclination, d'une pensée qui les porterait à s'éloigner du centre des tourbillons. Elles sont tellement situées et disposées à se mouvoir qu'elles s'en éloigneraient si elles n'étaient retenues par aucune autre cause.

Il peut arriver, en effet, qu'un corps puisse tendre à se mouvoir en diverses façons en même temps. La pierre d'une fronde tend à s'éloigner du centre autour duquel elle se meut, la tension de la corde indique l'effort qui la pousse à s'éloigner.

De même, la matière des cieux tendrait à s'éloigner de certains centres si elle n'était retenue, non par la tension d'une corde, mais par l'action de la matière qui entoure ce centre et qui se compose d'une infinité de petites boules disposées autour d'elle. C'est la raison pour laquelle les corps du Soleil et des étoiles sont ronds. Le premier élément, c'est-à-dire la matière lumineuse qui constitue ces astres, peut traverser facilement les boules plus calmes et si complètement mobiles qui constituent le second élément, la matière transparente. Cette matière lumineuse pénètre, en parcourant une trajectoire spiraloïde, dans les environs des pôles de chaque tourbillon soumis à une faible vitesse, puis, quand elle est parvenue à la hauteur du centre, à l'écliptique, elle tend à s'échapper avec violence. La matière transparente se trouve donc maintenue à une certaine distance du centre par cette force d'échappement, elle est, du reste, comprimée dans les limites extérieures de son tourbillon par l'incessante action des tourbillons voisins.

L'inégalité de ces tourbillons voisins a pour effet de créer de profondes dissymétries dans la position de l'axe du tourbillon, cet axe n'est pas même une ligne droite, le Soleil n'occupe pas le centre géométrique du tourbillon, et l'on peut concevoir beaucoup d'autres inégalités en sa situation. Il y a également beaucoup d'inégalités en ce qui concerne le mouvement de sa matière, ce qui n'empêche pas le Soleil d'être assez exactement rond, et cela par suite du mouvement de poussée de sa matière des pôles vers l'écliptique, mouvement assez semblable à l'action de l'air envoyé dans une bouteille en fusion par le verrier, action qui se produit non seulement dans la direction du tuyau mais encore dans toutes les directions à la fois.

La matière du premier élément, qui se trouve entre les parties du second dans le ciel, a donc deux mouvements : l'un en ligne droite, qui la porte des pôles du tourbillon vers son centre, le Soleil ; l'autre circulaire, qui lui est commun avec tout le reste de ce ciel. Elle emploie la plus grande partie de son agitation à se mouvoir de toutes façons, pour changer continuellement de forme et de dimensions, et remplir ainsi constamment les recoins qu'elle trouve autour des petites boules du second élément entre lesquelles elle passe. La force se divise donc en tous lieux de son parcours vers le centre, le Soleil. En ce point, toutes ses parties s'accordent à se mouvoir fort vite et dans le même sens ; elle emploie donc toute cette force à pousser toutes les petites boules qui environnent le Soleil. Tel est le mécanisme de l'émission lumineuse, résultant de la poussée des petites boules de l'élément transparent. Cette émission ne se fait pas seulement vers l'écliptique mais aussi vers les pôles, et cette action, qui résulte de la continuité absolue de la matière, s'étend aux distances les plus considérables, et parcourt l'intervalle qui sépare les étoiles les plus éloignées de la Terre. Il peut arriver que la lumière d'une étoile se réfracte dans les tourbillons qui environnent le sien et produise plusieurs images séparées ; il n'y a donc peut-être pas autant d'étoiles distinctes que nous en voyons.

Pour montrer que le Soleil puisse envoyer la lumière vers les pôles du tourbillon, il suffit de considérer un sablier. L'air du vase inférieur remonte vers le vase supérieur en sens inverse du mouvement du sable qui le traverse. Néanmoins, il y a des chances pour que le Soleil envoie plus de lumière vers l'écliptique que vers les pôles.

Il y a, du reste, une grande diversité dans la grandeur et les mouvements des parties du second élément qui compose les cieux. Celles qui touchent la superficie du Soleil sont plus petites et se meuvent très rapidement, les parties disposées sur la superficie de sphères concentriques mais irrégulières sont de plus en plus grosses et se meuvent plus lentement, elles mettent trente ans et plus pour accomplir leur révolution. Ces parties, toutes égales à l'origine, ont donc fini par se disposer en couches concentriques au fur à mesure qu'elles se sont divisées. Celles de vitesse plus grande ont une tendance à s'écarter de l'axe. C'est par l'expérience seule qu'on peut déterminer la vitesse considérable des couches les plus éloignées. Les comètes, qui passent d'un ciel à un autre, suivent à peu près le cours de celui où elles se trouvent. Le mouvement du cercle où se trouve Saturne ne s'achève qu'en trente années.

Il est bien clair que les parties du second élément qui avoisinent le Soleil, doivent être entraînées par le mouvement si rapide de sa matière ignée, et cela jusqu'à une certaine distance limitée plutôt par une ellipse que par un cercle, et cela bien que le Soleil soit rond ; et ces parties voisines du Soleil sont également plus petites que les autres, car, si elles étaient plus grosses, ayant une plus forte vitesse, elles déplaceraient celles qui sont au-dessus d'elles et prendraient leur place. Il faut, pour qu'elles se maintiennent aux environs du Soleil, que leur excès de vitesse soit compensé par une diminution de leurs dimensions. Ces portions, du reste, qui sont animées de mouvements fort complexes en dehors de celui qu'elles ont autour de leur centre, sont devenues parfaitement rondes de tous côtés, comme des boules et non comme des cylindres ou autres solides qui ne sont ronds que d'un côté.

Les petites parties du premier élément sont soumises à divers degrés d'agitation, et cela résulte des actions qu'elles ont dû subir pour remplir tous les intervalles du second élément. Quelques-unes de ces parties ont perdu une partie de leur vitesse et se sont attachées les unes aux autres, et cela se produit surtout parmi celles qui coulent en ligne droite des pôles vers le centre de chaque tourbillon. Quelques-unes même se sont laminées entre les profils circulaires des sphères du second élément qu'elles traversent, et elles ont ainsi formé les parties cannelées. Les trois canaux qui forment leur superficie sont tournés à vis comme une coquille, et leur courbure varie avec la distance de l'essieu. Le sens de cette courbure varie d'ailleurs d'après le pôle austral ou septentrional d'où elles proviennent, et c'est de là que provient la vertu de l'aimant (1). Ces parties cannelées n'ont d'ailleurs que trois canaux, bien que les intervalles des boules qu'elles franchissent affectent parfois une forme quadrangulaire. La matière qui dépasse le triangle est, en effet, heurtée et divisée par la rencontre d'une nouvelle boule, elle se sépare et reprend son agitation ; il se produit ainsi entre les parties cannelées et les parties les plus petites du premier

(1) Admirons sans réserve cette merveilleuse divination du *Solénoïde* qui a précédé d'un siècle la découverte du courant électrique.

élément une infinité de matières de toutes grandeurs, et cela résulte de la diversité des lieux par où elles passent et qu'elles remplissent.

Ces raclures du mouvement du second élément, qui proviennent des angles des parties qui se sont arrondies, peuvent se rassembler à la surface du Soleil, elles y forment des amas de matière obscure appartenant au troisième élément. Chassées par l'agitation de la matière solaire, elles apparaissent à la surface du Soleil comme l'écume des liqueurs en ébullition et y produisent les taches qui se disposent tout naturellement sur l'écliptique de cet astre. Ces taches peuvent se détruire, changer de forme, être absorbées de nouveau par la matière lumineuse, de même que l'écume des liquides finit par se redissoudre pendant l'ébullition. Toute la surface de l'écliptique solaire en est couverte, bien que l'on ne lui donne ce nom de taches qu'aux endroits où cette écume est assez épaisse pour obscurcir la lumière du Soleil. La lumière qui passe sur les bords de ces taches peut s'y réfracter parce qu'elles sont plus épaisses à leur centre, et elles semblent alors peintes des mêmes couleurs que l'arc-en-ciel.

Il peut aussi arriver que la matière solaire arrive à les submerger, il se produit alors une agitation plus vive de cette matière, et la tache se transforme en une flamme. Les flammes solaires, réciproquement, peuvent se transformer en taches. Ces matières des taches, en s'enfonçant au-dessous de la superficie solaire, y produisent une agitation que l'on peut observer dans les rivières, aux endroits où leur lit étant fort étroit, il se trouve encore des bancs de sable qui s'élèvent presqu'à fleur d'eau. En se brisant, du reste, à la surface des astres elles constituent une espèce d'air qui entoure ces astres.

La cause de leur formation est d'ailleurs incertaine. Il suffit de deux ou trois des moins subtiles parties du premier élément pour former le noyau où s'attacheront les autres, parce que cet obstacle détruit en partie leur agitation.

Quelquefois le Soleil n'a pas de taches, quelquefois toute la superficie en est couverte, et c'est pour cela que le Soleil est parfois plus obscur, que les étoiles ne paraissent pas toujours de même grandeur. Ces étoiles peuvent aussi disparaître et reparaître ensuite, et c'est ainsi qu'une étoile brillante, apparue brusquement à la fin de 1572 (1) dans la constellation de Cassiopée, disparut entièrement au commencement de 1574. Ces étoiles peuvent paraître et disparaître plusieurs fois.

Les parties cannelées peuvent traverser l'épaisseur des taches, parallèlement à l'essieu du tourbillon, à travers des pores semblables à l'écrou d'une vis, mais le sens de leur mouvement les empêche de rentrer à travers les mêmes pores. Ces pores sont, en effet, creusés en dedans ainsi que l'écrou d'une vis, ce qui empêche ceux où passent les parties cannelées venant d'un pôle de recevoir celles qui viennent de l'autre pôle, parce que leurs raies ou canaux sont tournés en coquille d'une façon toute contraire.

Il y a encore en ces taches d'autres pores qui croisent les précédents, et qui permettent à la matière du premier élément d'entrer et de sortir. Ces entrées et sorties incessantes de la matière s'équilibrent et l'astre ne peut devenir plus grand ou plus petit qu'il n'est.

Quelquefois un tourbillon peut être détruit par l'action d'un tourbillon voisin, et cela est presqu'inévitable quand l'astre central, recouvert de taches fort opaques, n'est pas enserré par des tourbillons d'égale puissance et symétriquement disposés autour de lui. Ce mouvement de descente vers le centre du tourbillon vainqueur n'est autre chose que l'action de la pesanteur, il affecte la forme d'une spirale, et son action peut être assez violente pour produire, dans l'astre conquis, une agitation qui lui permet de remonter, de s'éloigner à nouveau, de devenir une comète. Si la force d'éloignement produite par cette agitation est trop faible, l'étoile entraînée continue à graviter autour du centre nouveau, c'est

____

(1) Cette étoile vient de reparaître en 1902.

une planète. Tout dépend donc du plus ou moins de solidité du noyau.

Descartes entend ici par *solidité* (1) d'un astre, la quantité de matière du premier élément, de matière lumineuse, qui entre dans la composition des taches et de l'air qui l'environnent, en tant qu'elle est comparée avec l'étendue de leur superficie et la grandeur de l'espace occupé par cet astre.

La *force* qui le fait *descendre* vers le centre du tourbillon qui le fait tomber est proportionnelle à son volume.

Enfin, il appelle *agitation* la force que cet astre acquiert, de ce qu'il est transporté circulairement autour du centre par la matière du ciel qui le contient. Cette force ne peut être mesurée, ni par la grandeur de sa superficie, ni par la quantité de toute la matière dont il est composé, mais seulement parce qu'il y a en lui ou autour de lui de la matière du troisième élément, dont les petites parties se soutiennent et demeurent jointes les unes aux autres.

La solidité d'un corps ne dépend pas seulement de la matière dont il est composé, mais aussi de la quantité de cette matière et de sa figure. C'est ainsi que des pièces d'or, de plomb et des autres métaux, conservent bien plus leur agitation et ont bien plus de force à continuer leur mouvement lorsqu'elles sont une fois ébranlées, que n'ont des pièces de bois ou de pierres. Mais une petite balle d'or pourrait avoir moins de force à continuer son mouvement qu'une balle de bois ou de pierres de dimensions plus considérables. On pourrait aussi donner à l'or une porosité telle, en le battant, en l'étirant, en augmentant sa superficie, qu'une boule de bois plus petite que lui, serait capable d'une plus grande agitation.

(1) La *solidité* que Descartes rattache en définitive aux divisions, figures et mouvements intérieurs de la matière des corps, équivaudrait à peu près à notre *masse spécifique* que nous mesurons sans nous attarder à la définir, par ses effets de gravitation. On conviendra qu'en transportant cette notion de masse à divers agents immatériels, tels que la lumière, la chaleur et l'électricité, qui sont en vérité de pures *agitations*, notre science se rapproche singulièrement de celle de Descartes.

Les corps des astres peuvent avoir plus ou moins de solidité, plus ou moins de force pour continuer leur mouvement, que les petites boules du second élément qui les environnent. Enfin il peut arriver qu'un même astre soit moins solide que quelques parties de la matière du ciel, et le soit plus que quelques autres qui seront un peu plus petites, et cela explique comment une comète peut commencer à se mouvoir, comment elle peut poursuivre son mouvement et franchir l'immensité des tourbillons qui environnent le nôtre.

La lumière des comètes cesse de nous parvenir bien avant que ces astres aient franchi la distance qui nous sépare des étoiles, mais cela tient à ce que cette lumière empruntée au Soleil diminue rapidement avec l'éloignement. Leur queue, d'ailleurs, est un phénomène de réfraction, elle est généralement opposée au rayon qui les relie au Soleil. Ce phénomène n'existe pas pour les étoiles fixes et les planètes. Aristote cependant prétend avoir observé la chevelure d'une des étoiles de la cuisse du Chien, mais il a avoué que cette chevelure devenait d'autant moins distincte qu'il la regardait plus fixement.

Par les mêmes raisons on peut connaître comment une planète a pu commencer à se mouvoir, en supposant que l'astre, moins solide et moins fort pour continuer son chemin en ligne droite que les parties du second élément qui sont vers la circonférence de notre ciel, est descendu, emporté par le cours de ce ciel, jusqu'à ce qu'il soit parvenu au lieu où sont celles de ses parties qui n'ont ni plus ni moins de force que lui à persévérer en leur mouvement. A partir de ce moment, il n'a dû ni s'approcher ni s'éloigner du Soleil, à moins que certaines causes ne l'aient détourné de son cours régulier.

Les causes qui peuvent modifier le cours des planètes sont : 1° que le ciel qui les contient n'est pas exactement sphérique; 2° que la matière du premier élément (lumineux) coulant sans cesse des tourbillons voisins vers le centre du nôtre, les pousse diversement; 3° que les pôles des planètes doivent avoir une tendance à se tourner dans une direction conve-

nable au passage des matières cannelées qui doivent les traverser; 4° que les planètes ont reçu originairement un mouvement qui ne peut s'éteindre rapidement ; puisque la pirouette
d'un enfant continue à tourner pendant plusieurs minutes, un
astre, en raison de sa masse, continuera à tourner pendant
des siècles ; 5° que la force de continuer ainsi à se mouvoir
est plus durable et plus constante dans les planètes que dans
la matière du ciel qui les environne. Une portion de la matière du ciel correspondant à la matière d'une planète, se
compose en effet d'une infinité de corps très petits qui doivent
accorder leurs mouvements, et peuvent chacun à part être
détournés de ce mouvement par les moindres causes. Il en
résulte que s'il y a quelque cause qui augmente, retarde ou
détourne le mouvement de cette matière du ciel, la même
cause ne peut pas si promptement ni si fort augmenter ou
retarder ou détourner celui de la planète qui repose en cette
matière.

En résumé, rien ne nous empêche de supposer que ce grand
espace que nous appelons le premier ciel a été autrefois divisé
en quatorze tourbillons ou plus, et que ces tourbillons ont été
ainsi disposés, que leurs centres se sont couverts de plusieurs
taches, en suite de quoi les plus petits ont été détruits par
les plus grands. Les tourbillons de Jupiter et de Saturne
étaient les plus grands; il y en avait quatre moindres autour
de Jupiter dont les astres sont descendus vers lui, et ce sont
les quatre petites planètes que nous y voyons ; deux autres
autour de Saturne. La Lune est aussi descendue vers la Terre
lorsque le tourbillon qui la contenait a été détruit.

Enfin les six tourbillons qui avaient Mercure, Vénus, la
Terre, Mars, Jupiter et Saturne en leur centre, étant détruits
par un autre plus grand au milieu duquel était le Soleil, tous
ces astres sont descendus vers lui et s'y sont disposés à des
distances inégales suivant leur degré de solidité, les moins
solides s'approchant davantage, les plus solides que Saturne
se convertissant en comètes. En voyant que les planètes voisines du Soleil se meuvent plus vite que celles qui sont plus

éloignées, nous penserons que cela arrive parce que la matière
du premier élément qui compose le Soleil, tournant extrêmement vite sur son essieu, accélère le mouvement des parties
voisines du ciel. Et cependant les taches de la superficie se
meuvent moins vite qu'aucune planète ; elles emploient vingt-
six jours à faire leur tour qui est fort petit, alors que Mercure
n'emploie pas trois mois à faire le sien qui est soixante fois
plus grand, et que Saturne achève le sien en trente ans, ce
qu'il ne devrait pas faire en cent s'il n'allait point plus vite
que ces taches. Ce qui retarde ces taches, c'est qu'elles sont
jointes à l'air qui entoure le Soleil et s'étend au delà de Mercure. Les parties de cet air, en raison de leur enchevêtre-
ment, se meuvent toutes ensemble, et celles qui sont sur la
superficie du Soleil avec toutes ses taches ne peuvent guère
faire plus de tours autour de lui que celles qui sont sur la
sphère de Mercure, et par conséquent doivent aller beaucoup
plus lentement. C'est ainsi que dans une roue les points du
moyeu vont plus lentement que ceux de la jante.

La Lune est descendue dans le tourbillon de la Terre avant
que ce tourbillon ne fût descendu dans le tourbillon du Soleil,
c'est ainsi que quatre autres planètes sont descendues vers
Jupiter.

La Terre tourne sur son centre, parce que la matière du
premier élément qui est demeurée en son centre continue de
la mouvoir en même façon. La Lune se meut plus vite que la
Terre, elle accomplit sa révolution pendant que la Terre fait
presque trente tours sur son essieu, et comme son orbite est
soixante fois plus grande que le circuit de la Terre, elle va
deux fois plus vite. Comme la matière du ciel qui les emporte
se meut aussi vite contre la Terre que vers la Lune, l'excès
de vitesse de la Lune doit tenir à sa petitesse.

Si la Lune tourne toujours vers nous le même côté, c'est
que l'autre côté est un peu plus solide et par suite doit décrire un plus grand cercle, et cette différence de solidité, qui
est attestée par toutes ces inégalités en forme de montagnes
et de vallées, est due sans doute à ce que le côté qui nous

regarde ne reçoit pas seulement la lumière solaire, mais encore celle qui est envoyée par la réflexion de la Terre, au temps des nouvelles lunes.

La forme elliptique du ciel de la Lune explique aisément les variations de vitesse éprouvées par cet astre au moment de ses phases diverses.

L'on peut expliquer que les satellites de Jupiter tournent beaucoup plus vite que ceux de Saturne qui sont immobiles, parce que cette dernière planète tient toujours un même côté tourné vers le centre du tourbillon qui la contient, ainsi que la Lune et les comètes. L'inclinaison de l'essieu terrestre sur le plan de l'écliptique est de 23° et fait la différence des saisons. C'est que les quatorze tourbillons et plus qui ont formé le tourbillon solaire n'avaient pas leurs axes dirigés vers le même point du ciel. Les pôles du tourbillon qui avait la Terre en son centre, regardaient presque les mêmes endroits du firmament vis-à-vis desquels sont encore à présent les pôles de la Terre, et les parties cannelées qui viennent de ces endroits et qui sont plus propres à entrer en ses pores que celles qui viennent des autres lieux, la retiennent en cette situation.

Il est probable cependant que pour faciliter les mouvements de la rotation et de la révolution terrestres, l'équateur se rapprochera insensiblement de l'écliptique.

Enfin toutes les diverses erreurs des planètes qui s'écartent plus ou moins du mouvement circulaire auquel elles sont principalement déterminées, s'expliqueront aisément par le contact des innombrables tourbillons qui se déforment les uns les autres, et cela à des distances souvent fort considérables.

QUATRIÈME PARTIE

De la Terre

La religion nous oblige à croire que Dieu a créé la Terre et tout ce qu'elle contient, dans l'état même où nous les voyons,

Et cependant Descartes n'hésite pas à s'arrêter encore à cette *fausse hypothèse* d'une transformation du tourbillon dont la Terre occupait le centre, parce qu'aucune autre invention ne lui permet de donner des raisons très intelligibles et certaines de toutes les choses qui s'y remarquent.

C'est par suite de l'obscurcissement de son astre central que l'un des quatorze tourbillons contenus dans le premier ciel a été détruit, et est descendu vers le Soleil jusqu'à l'endroit où est à présent la Terre.

Et si nous la considérons en l'état où elle devait être peu de temps avant cette descente vers le Soleil, nous y pourrons remarquer trois régions fort diverses, dont la première et la plus basse semble ne contenir que de la matière du premier élément, l'élément lumineux, qui s'y meut en même façon que celle du Soleil. Cette première région, moins subtile que celle du Soleil parce qu'elle ne peut rejeter aussi librement ses impuretés, s'est recouverte d'une seconde région fort obscure et opaque, fort solide et serrée, dont les pores suffisaient strictement au passage des parties cannelées du premier élément, tout en arrêtant le passage de la lumière, ainsi que cela arrive d'ailleurs pour les taches solaires. Une troisième région, extérieure celle-là et qui contient tous les corps que nous voyons autour de nous, s'est formée d'un amas confus de parcelles du troisième élément, l'élément *opaque* qui constitue la seconde région ; et ces parcelles, fort irrégulièrement jointes, se trouvent entremêlées d'une forte proportion de la matière du second élément, l'élément *transparent*. A la vérité ces parcelles du troisième élément (opaque) qui constituent la troisième région, sont assez grandes et solides pour résister au choc incessant des petites boules de l'élément transparent ; j'ajoute que quand elles n'y résistent pas, elles reprennent tout simplement la forme lumineuse du premier élément qui leur a donné naissance, ou bien elles acquièrent la forme du second élément (transparent). Cette destruction lente des parcelles du troisième élément (opaque) contenues dans la région extérieure par les boules du second élément (transparent), provient de ce que ces parcelles sont composées de plusieurs autres qui ayant eu la forme du premier élément (lumineux), doivent être fort petites et fort flexibles, et que de plus tout en étant plus grandes que les boules du second élément (transparent) elles ne sont ni si solides ni si agitées.

Avant donc la descente de la Terre sur le Soleil, ces parties du troisième élément opaque qui l'entouraient étaient séparées les unes des autres. et maintenues par les parties du second élément transparent qui composaient un tourbillon autour de la Terre. En raison de l'irrégularité de leurs figures elles se sont entassées sans ordre, et leurs intervalles étaient suffisants pour donner passage à la matière du premier et du second élément (lumineux et transparent).

Mais souvenons-nous qu'à cette époque où la Terre était un tourbillon, les boules du second élément transparent étaient plus petites aux environs de la Terre qu'un peu plus haut, et comme le tourbillon terrestre est bien inférieur en dimensions au tourbillon solaire, les boules du second élément voisin de la Terre devaient même être plus petites que les boules du second élément qui sont comprises aujourd'hui entre Mercure et la superficie solaire.

Or, à cette époque de formation de la région supérieure du globe terrestre, les parcelles du troisième élément opaque qui la constituent se sont tellement entassées, que les intervalles qui sont demeurés parmi elles ne se sont ajustés qu'à la grandeur de ces petites parties du second élément transparent, ce qui fait que lorsque d'autres plus grosses leur ont succédé, elles n'y ont pas trouvé le passage entièrement libre.

Enfin il faut remarquer que quelques-unes des plus grosses et des plus solides de ces parties du troisième élément opaque, se tenaient au-dessus de quelques autres qui étaient moindres. Encore que chacune fût poussée par le second élément vers le centre de la Terre avec une force proportionnelle à ses dimensions, elles ne pouvaient se dégager de celles qui étaient plus petites, ainsi elles retenaient à peu près le même ordre selon lequel elles avaient été formées, en sorte que

celles qui venaient des taches qui se dissipaient les dernières
étaient les plus basses (1).

Quand donc la Terre formée de ces trois diverses régions
est tombée vers le Soleil, cela n'a pu causer de changements
qu'à la plus haute des régions, à la région extérieure ; il s'est
en elle formé plusieurs corps sous l'influence d'actions nombreuses dont les quatre principales sont : 1º le mouvement
des petites parties de la matière du ciel considérées en général ; 2º la pesanteur ; 3º la lumière ; 4º la chaleur.

1º *Le mouvement des petites parties du ciel en général.* Leur
agitation continuelle suffit non seulement à leur faire faire
chaque année un grand tour autour du Soleil et un autre
chaque jour autour de la Terre, mais aussi à les mouvoir cependant de plusieurs autres façons. Leur tendance à poursuivre leur cours toujours en ligne droite, produit sur les
parties du troisième élément opaque qui compose la plus
haute région de la terre, divers effets dont les principaux
sont : 1º de rendre transparents les corps liquides composés
de parties du troisième élément opaque si petites et si peu
pressées que celles du second peuvent s'y frayer un passage
rectiligne. Le mercure dont les parties sont plus grosses et
plus pressées ne laisse passer que la chaleur obscure. Quant

(1) La divisibilité, le mouvement de la matière cartésienne dérivent logiquement de son impénétrable *extension*, mais en la divisant réellement
et de façon durable en petites sphères de vitesses appropriées à leurs dimensions, Descartes pénètre audacieusement en un champ d'hypothèses.
Gardons-nous de lui faire un reproche fondamental de ce mécanisme que
Pascal trouvait ridicule, inutile et pénible. La sphère est pour lui, reste
pour nous, le symbole d'une matière symétrique dont les dimensions élémentaires et l'agitation nous donnent une première vue de l'*énergie*, une
démonstration des phénomènes alors connus de la physique, pression hy-
drostatique, réfraction, arc-en-ciel, marées. Les petites boules ont peuplé,
depuis, le vide ou les milieux divers imaginés par les autres écoles, et
cette fiction géométrique nous a conduit à l'artifice plus général des
points matériels affectés de masses ou de grandeurs quelconques. L'effluve de matière cannelée qui s'oriente et tourbillonne dans les derniers
intervalles de la matière sphérique, nous offre encore aujourd'hui la plus
séduisante image de ces vibrations invisibles auxquelles l'École cartésienne de Thomson n'hésite pas à rattacher les manifestations les plus
variées de la *force*.

aux liquides troubles, le lait, le sang, l'encre, ils ne sont opaques que par la suspension de parties fort grosses, analogues à des grains de sable ou de poussière. Les corps durs sont transparents lorsqu'ils se sont formés de quelques liqueurs transparentes dont les parties se sont arrêtées peu à peu l'une contre l'autre, sans qu'il se soit rien mêlé parmi elles qui ait changé leur ordre. Pour expliquer du reste que la lumière puisse traverser en ligne droite ces corps durs transparents, tels que le verre ou le cristal, on peut considérer plusieurs pommes ou boules enfermées dans un filet, et retournant ce corps en tous les sens, verser dessus des dragées de plomb ou d'autres boules assez petites pour passer entre ces plus grosses ainsi pressées ; on les verra couler tout droit en bas au travers de ce corps par la force de leur pesanteur, et même, si on accumule tant de ces dragées sur ce corps dur que tous les passages en soient remplis, la pression se transmettra du haut en bas en ligne droite. 2° Le second effet que produit l'agitation du deuxième élément est de purifier les liqueurs et de les diviser en divers corps. Exemple, la purification du vin nouveau, la formation du vinaigre. 3° Le troisième effet est d'arrondir les gouttes de ces liqueurs.

2° *La pesanteur* a quelque analogie avec l'action qui arrondit les gouttes d'eau. La même matière subtile, qui par cela seul qu'elle se meut indifféremment dans tous les sens pousse également toutes les parties d'une goutte d'eau de sa superficie vers son centre, par cela seul qu'elle se meut autour de la Terre, pousse aussi vers elle tous les corps pesants. En réalité, si la Terre était plongée dans le vide, ou plutôt dans un corps incapable d'aider ni empêcher les mouvements des autres corps, et qu'elle continuât à tourner sur son essieu, toutes celles de ses parties qui ne seraient pas fixées à son écorce s'écarteraient de tous côtés vers le ciel, comme la poussière qu'on jette sur une pirouette, il en faut donc conclure que chaque partie de la Terre, considérée toute seule, est plutôt légère que pesante. La matière du ciel possède une agitation plus grande que celle qui la fait tourner autour de

la terre, et cette agitation, qui produit l'arrondissement de
ce globe, qui arrête les trajectoires rectilignes de ses parties,
lui donne pour s'écarter ensuite du centre autour duquel elle
tourne, une force que n'ont aucune des parties de la Terre, et
c'est cette légèreté de la matière du ciel qui rend les corps
terrestres pesants. Dans les pores d'un corps pesant se trouve
une certaine quantité de matière céleste, dont la force égale
celle d'une pareille quantité de celle qui est dans les pores de
la portion d'air qui doit monter à la place de ce corps. Il y a
de même dans cet air une certaine quantité de la matière du
troisième élément opaque qui doit aussi être rabattue avec
une égale quantité de celle qui compose le corps. Si bien
que toute la pesanteur de ce corps consiste en ce que le reste
de la matière subtile qui est en cette portion d'air a plus de
force à s'éloigner du centre de la Terre que le reste de la
matière terrestre qui compose le corps.

La pesanteur des corps n'est donc pas en proportion constante avec leur matière. A volume égal, une masse d'or
est vingt fois plus pesante qu'une masse d'eau, il peut se
faire qu'elle ne contienne vingt fois plus de matière, parce
que d'abord il faut en soustraire autant de l'or et de l'eau,
à cause de l'air dans lequel on les pèse (1), parce qu'ensuite
les parties terrestres de l'eau et généralement de toutes les liqueurs, ont quelque mouvement qui, s'accordant avec les
mouvements de la matière subtile qui y est contenue, empêche
qu'elles ne soient si pesantes que les parties terrestres des
corps durs.

Les corps pesants n'agissent pas lorsqu'ils ne sont qu'entre
leurs semblables, la partie supérieure d'un vase d'eau n'en
déplace pas la partie inférieure, toutes les gouttes d'eau
placées sur la même verticale se tiennent en balance et le fond
est pressé sur une surface déterminée par le poids d'un cylindre de hauteur égale à la distance de la surface. Toutes ces
actions de la matière céleste se balancent et s'opposent l'une

____

(1) C'est le principe d'Archimède appliqué à l'air.

à l'autre, et cette symétrie détermine la direction verticale de la pesanteur.

3° *La lumière* est due à la compression de la matière transparente du second élément par les mouvements de la matière lumineuse du Soleil. Bien que ses rayons ne fassent que presser en ligne droite les corps qu'ils rencontrent, ils y produisent divers mouvements, parce que ces corps animés eux-mêmes de mouvements divers ne se présentent pas toujours à eux de même sorte. Il en résulte une agitation constante des parties soumises à la lumière du Soleil.

4° *La chaleur* produite par la lumière demeure par après dans les corps terrestres. Cette qualité, que notre sens de l'attouchement nous fait connaître, consiste en un mouvement des petites parties de ces corps, et ce mouvement une fois excité en elles y doit demeurer jusqu'à ce qu'il puisse être transféré à d'autres corps, bien plus, il se propage même à travers les corps opaques, et la chaleur solaire peut échauffer de proche en proche les couches terrestres jusqu'aux couches les plus basses du troisième élément opaque qui constitue sa seconde et moyenne région. Cette agitation des petites parties des corps terrestres est ordinairement cause qu'elles occupent plus d'espace que lorsqu'elles sont au repos ou moins agitées ; leurs figures étant irrégulières, elles peuvent être mieux agencées l'une contre l'autre lorsqu'elles retiennent toujours une même situation que lorsque le mouvement la fait changer. De là vient que la chaleur raréfie, dilate presque tous les corps. Elle en condense cependant quelques-uns, parce que leurs parties s'arrangent mieux et s'approchent davantage l'une de l'autre étant agitées que ne l'étant pas. Parmi ces exceptions, il faut citer la glace et la neige qui occupent un espace plus grand que celui de l'eau qui les a formées.

FORMATION DES DIVERS CORPS MATÉRIELS. — Les parties du troisième élément qui ont formé la région extérieure de la terre, se sont accumulées, nous l'avons vu, dans l'ordre de leurs formations, et elles ont emprisonné dans leurs intervalles serrés, des parties du second élément qui se sont trouvées successivement en contact avec elles, et ces parties sont un peu plus petites que celles qui composent non seulement les endroits du ciel qu'elles ont dû traverser pendant la descente du tourbillon terrestre vers le Soleil, mais aussi celui où la Terre s'arrête autour du Soleil. Ces petites parties du second élément ont donc une tendance à laisser leurs places à ces plus grosses qui les entourent après la descente, et celles-ci entrant avec impétuosité en ces intervalles trop étroits pour les recevoir, poussent les parties terrestres qu'elles rencontrent en leur chemin, les faisant par ce moyen descendre au-dessous des autres. Et ce sont précisément les plus grosses qu'elles font descendre ainsi, parce que leur action se joint à celle de la pesanteur. Par suite, la plus haute région de la Terre s'est trouvée divisée en deux corps très différents dont le plus haut, l'air, est rare, liquide et transparent, dont l'autre est à comparaison de lui fort, solide, dur et opaque.

Les parties du troisième élément qui composent ce dernier corps possèdent une infinité de figures fort irrégulières que nous pouvons cependant classer en trois genres principaux :

1° Celles qui ont des figures fort empêchantes et dont les extrémités s'étendent çà et là comme des branches d'arbre, et les plus grosses de ce genre sont précisément celles qui ont été poussées en bas par la matière du ciel et se sont accrochées les unes aux autres (métaux).

2° Celles qui ont des figures massives et irrégulières, à la vérité, mais dépourvues de ramifications, les plus grosses ont été précipitées avec les premières, les plus petites ont surnagé (minéraux amorphes).

3° Celles qui étant longues et menues comme des bâtons, ne sont ni embarrassantes comme les premières, ni massives comme les secondes. Ces corps se mêlent aux deux précédents mais elles en peuvent aisément être tirées. La compression exercée par la matière du ciel a fait sortir les parties de cette troisième matière, comme le pied du voyageur fait jaillir l'eau d'un marais ; elles se sont couchées de travers sur la superficie des deux autres matières et n'ont pu rentrer dans leurs pores. Et la matière du ciel continuant à les remuer, les a rendues agitées, glissantes et à peu près d'égales grosseurs pour pouvoir remplir les mêmes places.

Les unes, plus grosses (sels dissous), sont demeurées toutes droites sans se plier, les autres, plus petites, se sont entortillées autour d'elles. Ces plus petites, au contraire, en se pliant maintes fois, se sont assouplies, elles sont devenues aussi flexibles que des anguilles ou des petits bouts de cordes, si courts qu'ils ne peuvent se lier les uns aux autres (liquides).

Ces mouvements variés se sont accomplis sous l'influence de la pesanteur et aussi des alternatives de chaleur et de froid des jours et des nuits ainsi que des saisons. Les corps se sont produits par couches, se sont fendillés, ont formé des cavernes et se sont affaissés en se rompant. Les montagnes, les plaines, les mers, se sont ainsi formées.

Air. — L'air est composé de petites parties de toutes figures, mais entièrement séparées les unes des autres. Chacune de ces parties retient tellement à soi le petit espace sphérique dont elle a besoin pour se mouvoir de tous côtés autour de son centre, qu'elle en chasse toutes les autres sitôt qu'elles se présentent pour y entrer, sans qu'il importe pour cet effet de quelle figure elles soient. La chaleur *en augmentant son agitation* le dilate, et le froid le condense. Si on le comprime, ses parties se frappant les unes contre les autres en se remuant, s'accordent à faire effort pour occuper plus d'espace. De là le jeu des machines comme les fontaines où l'air ainsi renfermé fait sauter l'eau comme si elle venait d'une source élevée, comme ces petits canons chargés d'air et chassant les balles ou les flèches tout autant que s'ils étaient chargés de poudre.

Eau. — L'eau de la mer est formée de parties longues et unies dont les unes sont roides et inflexibles, les sels en dissolution ; les autres molles et pliantes, l'eau douce. Il y a telle proportion entre la grosseur des parties de l'eau et celle des parties de l'air, et aussi entre ces mêmes parties et la force dont elles sont mues par la matière du second élément, que lorsque cette force est un peu moindre qu'à l'ordinaire, cela suffit pour faire que les vapeurs qui se trouvent en l'air prennent la forme de l'eau et que l'eau prenne la forme de la glace ; comme au contraire lorsqu'elle est un peu plus grande, elle élève en vapeurs les plus flexibles parties de l'eau, et ainsi leur donne la forme de l'air.

FLUX ET REFLUX. — Descartes a expliqué dans ses météores la cause des vents par lesquels la mer est agitée en plusieurs façons irrégulières, mais il y a encore en elle un autre mouvement qui fait qu'elle se hausse et se baisse réglément deux fois le jour en chaque lieu, et que cependant elle coule sans cesse du levant vers le couchant. Voici l'explication du flux et reflux de la mer :

La Terre et la Lune sont comprises dans une petit tourbillon qui les entraîne autour du Soleil. La matière du second élément (transparent) qui compose ce tourbillon est animée d'une vitesse bien plus considérable que les deux astres qu'elle entraîne. Or le centre de ce tourbillon ne coïncide pas avec le centre de la Terre, *il est toujours compris entre le centre de la Lune et le centre de la Terre.* En effet, la position, le lieu de la Terre en un semblable tourbillon est déterminé par l'égalité des forces dont elle est pressée par lui de tous côtés, et il est bien évident qu'elle doit pour cela s'écarter toujours légèrement du centre du tourbillon dans une direction opposée à celle de la Lune. Le rétrécissement formé sur la ligne qui joint les deux centres par les deux astres d'un côté, et de l'autre côté par le fait de cette excentration, force la matière céleste du tourbillon à augmenter sa vitesse et à presser davantage les superficies de l'air et de l'eau. Il en résulte que l'air et l'eau qui sont des liquides s'écoulent aisément ailleurs, et qu'ils ont moins de hauteur aux extrémités du diamètre terrestre qui joint les deux centres des astres. Ce phénomène se reproduirait toutes les douze heures, si la Lune restait immobile pendant la durée d'une rotation terrestre, mais

comme la Lune se déplace légèrement, il éprouve un retard
de vingt-quatre minutes, et ainsi on voit clairement que la
mer doit employer douze heures et vingt-quatre minutes environ à monter et descendre en chaque lieu.

DE MR DESCARTES. 245

dont nous nous pouuons souuenir, à cause qu'vn mesme ply
sert à toutes les choses qui se ressemblent, & qu'outre la
Memoire corporelle, dont les Images peuuent estre représentées par ces plis du Cerueau, ie trouue qu'il y a encore
en nostre Entendement vne autre sorte de Memoire, qui
ne depend point des Organes du Cors, & qui ne se trouue
point dans les Bestes ; Et c'est d'elle particulierement que
nous nous seruons.

   Pour le Flus de la Mer quoy qu'il dépende entierement
de la suitte de mon Monde, & que ie ne le puisse bien expliquer séparement, toutesfois à cause que ie ne vous puis
rien refuser, ie tâcheray d'en dire icy grossierement quelque chose. Soit T, la Terre, E F G H l'Eau, qui est au dessus

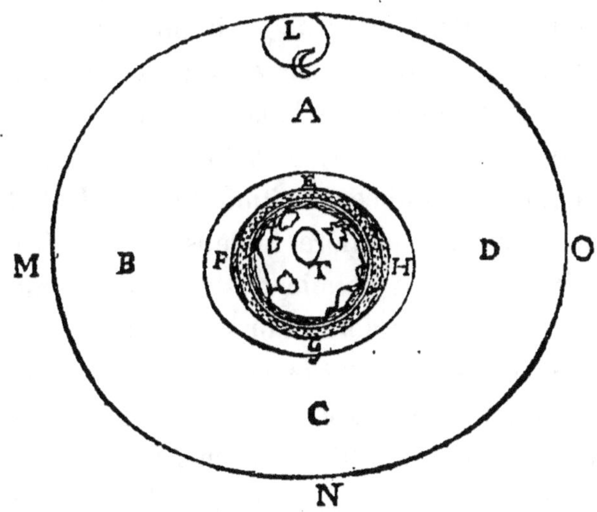

de cette Terre, L la Lune, A B C D, le Ciel, que ie con-
çoy comme vne Liqueur qui tourne continuellement au-

H h ij

Figure du phénomène des Marées

(Une page du tome II des Lettres de Descartes; 1re édition, Clerselier-Angot.)

Le tourbillon des deux astres n'est pas rond, ce qui donne
plus d'importance aux marées correspondant aux plus petits
diamètres de ces tourbillons, c'est-à-dire aux phases de la
pleine et de la nouvelle Lune.

L'équateur terrestre est incliné sur l'écliptique et la Lune

se meut très sensiblement dans l'écliptique, d'où il résulte qu'aux équinoxes la Lune agit plus directement contre la Terre et ainsi rend les marées plus grandes.

Cette explication montre pourquoi l'eau et l'air coulent sans cesse des parties orientales de la Terre vers les occidentales, ce qui fait que les pays qui ont la mer au levant sont moins chauds que ceux qui l'ont au couchant.

Il n'y a pas de flux et reflux dans les lacs, et sur les bords de la mer il ne se fait pas aux mêmes heures qu'au milieu.

Je mentionnerai simplement ici les études que Descartes consacre à la formation de diverses matières, sous l'influence de la poussée des mers, de la chaleur variable de la croûte terrestre, enfin des vicissitudes de température des jours et des nuits, des étés et des hivers. Les progrès incessants et considérables de la chimie ont enlevé toute valeur scientifique à ces études, dont le principe immuable a cependant repris en certaines écoles modernes une singulière importance. Je veux parler de l'unité de la matière.

La nature du vif-argent, la formation des sucs aigres et corrosifs qui entrent en la composition du vitriol, de l'alun et autres tels minéraux, la matière huileuse, le soufre, le bitume, les principes de la chimie et les trois éléments sel, soufre et mercure, enfin la formation du vermillon.

La formation des fontaines, la constance du volume des eaux de la mer, la pureté des fontaines et la salure des mers, l'origine des mines de sel et la transformation du sel commun en salpêtre, la distinction des vapeurs, des esprits et des exhalaisons, la formation des pierres opaques ou transparentes, l'émergence des métaux empruntés aux couches inférieures de la croûte terrestre, et cela particulièrement au pied des montagnes du côté qui regarde l'ouest et l'occident.

Il ne faut pas espérer qu'on puisse jamais, à force de creuser, parvenir jusqu'à cette terre intérieure entièrement métallique, et si l'on y parvenait, on y rencontrerait des sources d'autant plus impétueuses qu'elles s'ouvriraient plus bas, en sorte que les mineurs ne pourraient éviter d'y être noyés.

Les tremblements de terre, les éruptions volcaniques proviennent de l'inflammation des exhalaisons contenues dans les crevasses de la croûte terrestre, et les volcans sont les cheminées qui donnent passage aux produits de cette combustion. La succession des secousses de tremblement de terre provient de ce que ces matières se trouvent réparties en de nombreuses cavernes dont l'explosion est successive. Mais il est ici nécessaire d'étudier le feu, sa nature, les moyens de le produire, de le conserver, de lui donner un aliment toujours nouveau.

On peut allumer du feu par le choc d'un caillou et d'un fusil, par le frottement de deux branches de bois sec, avec un miroir creux ou un verre convexe, par l'agitation d'un corps, enfin par le mélange de deux corps. Nous connaissons aussi le feu de la foudre, des éclairs et des étoiles qui traverse l'atmosphère, la lumière de l'eau de mer, des bois pourris, des poissons salés, la chaleur des fermentations et l'inflammation spontanée des foins, la chaleur produite quand on jette de l'eau sur la chaux vive ou quand on combine les corps, enfin le feu qui s'allume dans les cavités de la terre.

En vérité, la matière contient dans ses intervalles un mélange des parties du premier et du second élément, de la matière lumineuse et de la matière transparente des cieux ; toute action qui vient chasser la matière transparente, composée, on le sait, de boules assez grosses, isole le premier élément lumineux ; et si cette même action peut détacher quelques parcelles des corps, l'élément lumineux, qui est devenu prépondérant, suffit pour enflammer ces parcelles ; telle est la théorie du feu d'un caillou frappé par le fusil.

L'agitation des parcelles enflammées se transporte aux parties voisines, et cela suffit à expliquer la combustion d'un flambeau, la forme de sa flamme, dont la pointe manifeste les tendances du troisième élément à monter. La fumée ne trouverait aucune place où se mettre hors de la flamme, à cause qu'il n'y a point de vide, si, en même temps qu'elle entre dans l'air, une pareille quantité d'air ne prenait son cours circulairement vers le lieu qu'elle quitte.

Les liqueurs éteignent le feu, et la même liqueur qui sert à entretenir la flamme d'un flambeau quand il est droit, le peut éteindre quand il est renversé. On peut cependant trouver des corps contenant des parcelles du troisième élément assez agitées pour pouvoir repousser l'eau de tout côté et brûler au fond de ce liquide.

Le feu doit avoir auprès de lui, pour s'entretenir, quelque corps qui lui fournisse toujours de la matière pour succéder à la fumée qui en sort. Ce corps doit posséder quelques parties déliées (volatiles) et qui soient jointes entre elles et à d'autres plus grosses, de telle sorte que les parties déjà embrasées puissent les séparer du corps et des parties du second élément qui sont proches d'elles, afin de leur donner par ce moyen la forme du feu.

Si ces parties étaient si grosses qu'elles ne puissent être mues ni séparées par les parties du troisième élément qui composent le feu, elles ne pourraient servir à son entretien. C'est ainsi qu'un linge imprégné d'eau-de-vie enflammée ne peut brûler lui-même ; l'eau-de-vie brûle parce que ses parties sont si petites et si peu jointes ensemble, que la flamme en touchant leur superficie peut les tirer l'une après l'autre de cette superficie ; mais le linge est composé de parties trop grosses et trop bien jointes pour être séparées de même façon.

L'eau commune a les parties trop grosses pour brûler comme l'eau-de-vie, elle éteint généralement le feu. Cependant, si le feu est fort violent, elle l'excite, et le sel fait de même, parce que ses parties, longues et roides et s'élançant de pointes comme des flèches, ont beaucoup de force pour ébranler les parties des corps qu'elles rencontrent. Voilà pourquoi on projette de l'eau sur le charbon d'une forge, pourquoi l'on mêle des sels parmi les métaux pour les faire fondre.

Parmi les combustibles qui doivent être poreux et divisibles, certains s'enflamment et d'autres brûlent lentement, le feu se glisse de partie en partie, c'est le cas du charbon de bois.

La poudre, mélange de soufre, de salpêtre et de charbon, produit en brûlant une dilatation extrême. On grène la poudre pour que les parties du salpêtre ne s'y enflamment pas l'une après l'autre, ce qui leur donnerait moins de force, mais qu'il y en ait plusieurs qui prennent feu toutes ensemble.

Enfin il y a des lampes qu'on dit avoir conservé leur flamme pendant plusieurs siècles.

Le feu luit et échauffe; il dissout en plusieurs parties les corps qui lui servent de nourriture; il fait fondre et bouillir ou dessèche la matière solide; il sépare les liquides en plusieurs eaux par la distillation; il fournit des sublimés ou des huiles, et ses effets sont alors proportionnés à la température; il calcine et pulvérise les minéraux; enfin il peut convertir toutes sortes de cendres et de chaux en verre.

Verre. — Cette formation du verre par le feu résulte du passage répété des parties du troisième élément qui émousse les angles et aplanit les superficies des parties de ces corps. Ces parties se joignent entre elles et peuvent glisser dans le verre liquide et gluant. Il devient dur et cassant par le refroidissement, d'autant plus cassant qu'on le refroidit plus vite, parce qu'alors ses parties n'ont pas le temps de s'agencer les unes dans les autres. Il est transparent, parce que pendant sa fusion les parties du premier élément y ont laissé des pores qui peuvent permettre au second élément de le traverser en ligne droite et de transmettre la lumière. On peut le colorer en y mêlant plusieurs métaux, dont les parties plus grosses et autrement figurées que celles des cendres, avancent quelque peu au dedans de certains pores et modifient le mouvement des parties du second élément qui y passent pour transmettre la lumière. Il est raide et fait ressort, ce qui a lieu en tous les corps dont les parties sont jointes par le parfait attouchement de leurs petites superficies et non par le seul entrelacement de leurs branches. La compression momentanée des pores produit le phénomène de l'élasticité.

Aimant. — En dehors des quatre éléments : l'air, l'eau, les terres et le feu, il y a un autre corps : l'aimant, qui peut avoir plus d'étendue qu'aucun des quatre, puisque la masse de la Terre est un aimant, et que nous ne saurions aller en aucun lieu où sa vertu ne se remarque.

Nous avons expliqué que la moyenne région de la Terre est percée parallèlement à son essieu de plusieurs pores ou conduits capables de laisser passer d'un pôle à l'autre pôle les parties cannelées de la matière du premier élément. Ces conduits, analogues à des écrous, sont tellement creusés et ajustés à la figure de ces parties cannelées, que ceux qui reçoivent les parties provenant du pôle austral ne sauraient recevoir celles qui viennent du pôle boréal, et réciproquement. De plus, les parties cannelées ne peuvent rentrer dans les pores qui les ont conduites, par le chemin inverse, à cause sans doute de certains poils ou de certaines branches très déliées qui avancent tellement dans les replis de ces conduits qu'elles n'empêchent aucunement le cours des parties cannelées quand elles y viennent par le côté habituel, mais qui se rebroussent et redressent quelque peu leurs extrémités quand ces parties cannelées se présentent de l'autre côté, et ainsi leur bouchent le passage.

C'est pourquoi, après avoir traversé toute la Terre d'une moitié à l'autre, suivant des lignes parallèles à son essieu, il y en a qui retournent par l'air d'alentour vers la même moitié par où elles sont entrées, et passant ainsi réciproquement de la Terre dans l'air et de l'air dans la Terre, y composent une espèce de tourbillon.

Ces conduits ne peuvent exister dans l'air à cause de sa mobilité, ils ne subsistent que dans les métaux dont les parties sont divisées en branches et ne sont pas solides à proportion : c'est-à-dire le fer et l'acier. La différence entre le fer et l'aimant, c'est que le fer dans la mine a été, par suite des transformations du globe, retourné mille fois dans tous les sens, désorienté, ses canaux se sont repliés les uns sur les autres et ont besoin d'une nouvelle disposition qu'il est possible d'ailleurs de leur rendre ; l'aimant, au contraire, est resté dans sa position première, et l'orientation des conduits de la matière cannelée a persisté.

La mine en fondant donne le fer et l'acier, et les petites parties de ces métaux s'arrondissent, perdent leurs petites branches ; les petites gouttes arrondies, agitées par le troisième élément, se resserrent ensuite en donnant le grain, le métal ainsi fondu est dur, raide et cassant, à peu près comme le verre. Il est dur parce que ses parties sont étroitement jointes ; raide et fait ressort parce que ce n'est pas l'arrangement de ses parties, mais seulement la figure de ses pores qu'on peut changer en le pliant ; il est cassant parce que les petites gouttes dont il est composé ne sont jointes que par l'attouchement de leurs superficies, et cela en un petit nombre de points. La manière de pousser le feu donne le fer ou l'acier. La trempe de l'acier, son adoucissement par le feu, s'expliquent par des arrangements moléculaires.

La fonte et l'acier après leur fusion ont encore de nombreux conduits par où peuvent passer les parties cannelées ; mais ces conduits sont tournés de toutes façons et sans aucun ordre certain. Pendant la fusion, quelques parties cannelées peuvent y creuser ces conduits, mais en petit nombre. En résumé, il n'y a pas de fer et d'acier qui n'ait quelque chose de la vertu de l'aimant ; il n'y a pas non plus de fer et d'acier qui ait tant de cette vertu qu'il ne puisse en acquérir davantage.

Vient ici le dénombrement de toutes les propriétés des aimants.

Les pôles de l'aimant se tournent vers les pôles de la Terre ; lorsqu'en effet ces pôles ne sont pas tournés vers les côtés de la Terre d'où viennent les parties cannelées qu'ils peuvent recevoir, elles se présentent de biais pour y entrer ; et par la force qu'elles ont à continuer leur mouvement en ligne droite, elles poussent celles de ses parties qu'elles rencontrent, jusqu'à ce qu'elles leur aient donné la situation qui leur est la plus commode (boussole de déclinaison). Ces pôles se penchent aussi diversement vers le centre de la terre à raison des divers lieux où ils sont (boussole d'inclinaison).

Deux pierres d'aimant se tournent l'une vers l'autre ainsi que chacune se tournerait vers la Terre qui est aussi un aimant, et cela résulte de la grande quantité de matière cannelée qui s'accumule autour des aimants, et cela en raison de la difficulté que ces parties éprouvent au sortir de ces corps à franchir l'air et retourner aux pôles de la Terre. Deux aimants s'approchent l'un de l'autre, parce que le passage de leurs parties cannelées chasse l'air qui les sépare et amène le contact. Ils se fuient lorsqu'on présente leurs pôles de même nom, ce qui tient à ce que les parties cannelées qui sortent de l'un d'eux ne pouvant rentrer dans l'autre, doivent se réserver entre eux quelqu'espace pour passer en l'air d'alentour. Les parties d'un aimant divisé se fuient quand on les suspend à un fil, et prennent une direction contraire, les deux sections qui se touchaient au moment de la division fournissent en effet des pôles de nom contraire, la vertu qui est dans chaque petite pièce d'un aimant divisé est semblable à celle de l'aimant primitif.

L'aimant communique sa vertu au fer en orientant brusquement les pores qui s'y trouvaient disposées sans aucun ordre, de façon à faciliter le passage des parties cannelées. Et cette communication diffère suivant les diverses façons dont l'aimant est tourné vers le fer. Cependant un fer plus long que large et épais s'aimante toujours dans le sens de sa longueur, parce que les parties cannelées, qui ont tant de difficulté à traverser l'air, suivent le fer aussi longtemps que possible. L'aimant ne perd rien de sa vertu en la communiquant au fer, et cette vertu s'affermit par le temps, l'acier reçoit mieux cette vertu que le simple fer, parce que les petites branches qui s'avancent en ses conduits ne se peuvent pas si aisément renverser, il la reçoit plus grande d'un fort bon aimant que d'un moindre. Enfin la Terre peut à elle seule communiquer cette vertu à une barre de fer disposée parallèlement à son axe. En inclinant successivement les deux extrémités de cette barre, on observe que l'une de ses extrémités attire successivement et repousse le même pôle de l'aiguille aimantée, et l'on peut agir si adroitement que ceux qui le voient, ne pouvant remarquer la cause qui lui change si subitement sa vertu, ont occasion de l'admirer.

De fort petites pierres d'aimant ont plus de vertu apparente que toute la Terre. Les aiguilles aimantées ont toujours les pôles de leur vertu en leur extrémité. Ces pôles ne se tournent pas exactement vers les pôles de la Terre, ce qui est dû aux inégalités qui se trouvent en la superficie de la Terre, et cette variation change avec le temps et les endroits de la Terre ; quelques-uns prétendent que cette variation disparaît en un aimant de figure ronde planté sur l'un de ses pôles, celui de nom contraire à l'hémisphère où il se trouve. L'aimant attire le fer et avec plus de force quand il est armé, c'est-à-dire qu'il a quelque morceau de fer attaché à l'un de ses pôles. C'est là une question de contact plus parfait.

Les deux pôles d'un aimant s'aident l'un l'autre à soutenir le fer en raison du courant des parties cannelées qui s'établit ainsi.

Une pirouette de fer n'est point empêchée de tourner quand elle est suspendue à un aimant.

Deux aimants peuvent être associés pour soutenir une pièce de fer. Si le pôle austral de l'un est joint au pôle boréal de l'autre, ils s'aident mutuellement à soutenir le fer qui est vers leurs autres pôles, ils s'aident aussi lorsqu'ils sont séparés à soutenir le fer qui est entre eux.

Un aimant bien fort ne peut généralement attirer le fer qui pend à un aimant plus faible. Quelquefois, au contraire, le plus faible aimant attire le fer d'un autre plus fort, c'est là une simple question de contact.

Dans les pays septentrionaux, le pôle austral de l'aimant peut attirer plus de fer que l'autre.

Si l'on répand légèrement la limure de fer sur un plan bien uni passant par les deux pôles d'un aimant sphérique qui y soit enfoncé, les petits grains de cette limure ne s'entassent pas confusément, mais se joignant en long les uns aux autres, ils composent comme des filets qui sont autant de petits tuyaux par où passent les parties cannelées plus librement que par l'air, et qui peuvent servir à faire connaître les chemins qu'elles tiennent après être sorties de l'aimant. Si l'on enfonce dans ce même plan deux aimants tournés en sens contraire, les lignes seront droites entre les deux pôles qui se regardent, et les autres repliées des deux côtés. Cette limure de fer fournit ainsi une vérification visible de tous les faits de cette théorie.

L'interposition d'une lame de fer entre le pôle de l'aimant et l'aiguille de la boussole, empêche ou diminue l'action de déviation. Aucune autre substance ne produit le même résultat.

On peut atténuer ou détruire la vertu d'un aimant en le maintenant longtemps dans une situation contraire à celle qu'il prend naturellement quand rien ne l'empêche de tourner ses pôles vers ceux de la Terre ou des autres aimants dont il est proche. Cette vertu peut aussi lui être ôtée par le feu et diminuée par la rouille.

L'attraction que l'ambre, le jais, la cire, le verre, exercent lorsqu'on les a frottés sur les corps légers, est due à ce que l'agitation fait écouler, des fentes allongées de ces corps, de petites lanières de certaines parties du premier élément qui y étaient renfermées, ces lanières s'emparent des corps légers et les ramènent, et il en est de même de toutes les autres attractions. Ces petites bandelettes du premier élément peuvent être par leur subtilité, leur agilité, la cause d'une infinité d'effets fort admirables, elles peuvent tournoyer autour des corps où elles sont, ou s'en écarter et produire des effets entièrement rares et merveilleux, *faire saigner les plaies du mort quand le meurtrier s'en approche*, émouvoir l'imagination de ceux qui dorment ou sont éveillés et les avertir des événements fort éloignés, leur faire ressentir ainsi les grandes joies ou afflictions d'un intime ami, les mauvais desseins d'un assassin, et choses semblables.

Enfin, si l'on veut considérer combien les propriétés de l'aimant et du fer sont admirables, quelle est la force de la poudre excitée par une seule étincelle, à quelle distance les étoiles fixes étendent leur lumière en un instant, et quels sont les autres effets dont les raisons fort claires ont pu être déduites de quelques principes reçus et connus de tout le monde, à savoir, de la grandeur, figure, situation et mouvement des diverses parties de la matière, on aura sujet de se persuader qu'on ne remarque aucunes qualités si occultes, aucuns effets de sympathie ou d'antipathie si merveilleux et si étranges, ni enfin aucune autre chose si rare en la nature (pourvu qu'elle ne procède que de causes matérielles destituées de pensées ou de libre arbitre) que la raison n'en puisse être donnée par ces mêmes principes.

Tous les autres principes ajoutés à ceux-ci sans autre but que de donner l'explication de quelques effets naturels, sont entièrement superflus.

Descartes eût voulu joindre à ces quatre parties deux autres parties touchant la nature des animaux et des plantes; n'étant pas assez préparé pour ce travail et n'ayant pas la certitude de le pouvoir jamais achever, faute d'expérience ou de loisir, il veut ajouter quelque chose concernant les objets de nos sens. Après avoir décrit la Terre et le monde visible comme une machine où n'interviendraient que les figures et les mouvements de ses parties, il convient que nos sens y font paraître plusieurs autres choses, les couleurs, les odeurs, les sons et toutes les autres qualités sensibles, et il veut éviter le reproche d'avoir omis l'explication de la plupart des choses qui sont en la nature.

Les mouvements qui proviennent des objets extérieurs passent par l'entremise des nerfs jusqu'à cet endroit du cerveau auquel notre âme est étroitement jointe et unie, lui font avoir diverses pensées en raison des diversités qui sont en eux. Nous appelons ces diverses pensées de notre âme, nos sentiments ou les perceptions de nos sens. Nous avons moins de sens que de nerfs, sept sens seulement, parmi lesquels

les deux premiers sont nommés intérieurs, ce sont les appétits (faim, soif, etc.) et les passions (joie, tristesse, colère,
amour, etc.), les cinq autres sont nommés extérieurs, ce sont
l'attouchement, le goût, l'odorat, l'ouïe, la vue.

L'âme, en vérité, ne sent qu'en tant qu'elle est dans le
cerveau, elle est de telle nature que le seul mouvement de
quelque corps suffit pour lui donner toutes sortes de sentiments. Sur le même papier, avec la même plume et la même
encre, en remuant tant soit peu le bout de la plume en certaine façon, vous tracez des lettres qui font imaginer des
combats, des tempêtes ou des furies à ceux qui les lisent, et
qui rendent indignés ou tristes ; au lieu que si vous remuez
la plume d'une autre façon presque semblable, la seule différence qui sera en ce peu de mouvement leur peut donner
des pensées toutes contraires, comme de paix, de repos, de
douceur, et exciter des passions d'amour et de joie. Ici
quelqu'un répondra peut-être que l'écriture et les paroles
ont une signification capable d'exciter les imaginations et
passions qui s'y rapportent. Mais que dira-t-on du châtouil-
lement et de la douleur ? Le mouvement d'une épée qui nous
coupe nous fait sentir la douleur et ne nous indique en rien
le mouvement et la figure de cette épée ; les couleurs, les
sons, les odeurs et les goûts ne nous donnent aucune idée du
mouvement qui les cause. Rien dans les corps n'est capable
d'exciter en nous quelque sentiment, excepté le mouvement,
la figure ou situation et la grandeur de leurs parties. Leurs
lumières, couleurs, odeurs, sons, chaleur ou froideur et leurs
autres qualités qui se sentent par l'attouchement et aussi ce
que nous appelons leurs formes substantielles, ne sont en eux
autre chose que les figures, situations, grandeurs et mouvements divers de leurs parties, disposés de manière à mouvoir
nos nerfs en toutes les diverses façons requises pour exciter
en notre âme tous les divers sentiments qu'ils y excitent.
Rien donc en ce monde visible, aucun phénomène de la nature, en tant qu'il est seulement visible ou sensible, n'échappe
à cet ordre de mouvement, grandeur, figure et situation des

parties. Nous ne saurions admettre que ces mêmes choses, grandeur, figure et mouvement, puissent produire des natures entièrement différentes des leurs, telles que les qualités réelles et les formes substantielles que la plupart des philosophes ont attribuées aux corps, ni aussi que ces formes ou qualités, étant dans un corps, puissent avoir la force d'en mouvoir d'autres.

Ce traité ne contient ainsi aucuns principes qui n'aient été approuvés par Aristote et reçus en tout temps et de tout le monde. En sorte que cette philosophie n'est pas nouvelle, mais la plus ancienne et la plus commune qui puisse être. Il' est certain que les corps sensibles sont composés de parties insensibles, et l'on ne peut reprocher à Descartes de n'avoir pas pris les sens comme mesure des choses qui se peuvent connaître. Qui a jamais pu remarquer, par l'entremise des sens, quels sont les petits corps qui sont ajoutés, à chaque moment, à chaque partie d'une plante qui croît ? Entre les philosophes, ceux qui avouent que la matière est divisible à l'infini, doivent avouer que ses parties, en se divisant, peuvent devenir insensibles, c'est-à-dire trop petites pour agir sur les petits filets de nos nerfs qui ont quelque grosseur. C'est beaucoup mieux philosopher de juger ce qui arrive en ces petits corps que leur seule petitesse nous empêche de sentir, que d'inventer, pour rendre raison des mêmes choses, je ne sais quelles autres choses qui n'ont aucun rapport avec celles que nous sentons, comme sont la matière première, les formes substantielles et tout ce grand attirail de qualités plus difficiles à connaître que ce qu'on prétend expliquer par leur moyen.

Peut-être quelqu'un dira que Démocrite a déjà ci-devant imaginé des petits corps de diverses figures, grandeurs et mouvement, dont le mélange avait composé tous les corps sensibles, et que sa philosophie est communément rejetée. Cette philosophie n'a jamais été rejetée parce qu'elle faisait considérer des corps plus petits que ceux qui tombent sous nos sens, et qu'elle leur attribuait diverses grandeurs, figures et mouvements. Personne ne peut douter qu'il n'y en ait véritablement de tels. Elle a été rejetée parce qu'elle supposait des corps indivisibles ; puis, parce qu'elle admettait du vide entre eux, enfin, parce qu'elle leur attribuait de la pesanteur. Tout cela est ici rejeté, il n'y a pas de corps indivisibles, pas de vide, et aucun corps isolé ne peut avoir de pesanteur, c'est une qualité qui dépend du rapport mutuel de plusieurs corps. Enfin, Démocrite n'expliquait pas en particulier comment toutes choses avaient pu être formées par la rencontre de ces petits corps, ou bien, s'il l'expliquait de quelques-unes, les raisons qu'il en donnait ne dépendaient pas· tellement les unes des autres que toute la nature pût être expliquée en même façon.

Aristote, aussi bien que Démocrite, a considéré des figures, des grandeurs et des mouvements, et Descartes rejette aussi bien ses suppositions que celles des autres, sa philosophie n'a pas plus d'affinité avec celle de Démocrite qu'avec toutes les autres sectes particulières.

Quelqu'un aussi pourra lui demander d'où il a appris quelles sont les figures, les grandeurs et les petites parties de chaque corps, alors qu'il avoue qu'elles sont insensibles et que, par suite, il soit certain qu'il n'a pu les apercevoir par l'aide des sens. Ayant appelé à son secours toutes les notions claires et distinctes qui peuvent être en notre entendement touchant les choses matérielles, et n'en ayant trouvé d'autres que celles des grandeurs, des figures et des mouvements, il a jugé que toutes nos connaissances sur la nature devaient en être tirées, puisque toutes les autres notions sont obscures et confuses et ne peuvent nous donner la connaissance d'aucune chose hors de nous, mais plutôt la peuvent empêcher. L'exemple de beaucoup de corps, composés par l'artifice des hommes, lui a beaucoup servi, car il ne reconnaît d'autre différence entre les machines que font les artisans et les divers corps que la nature seule compose, sinon que les organes des machines sont d'une grandeur proportionnée aux mains qui les font, les organes qui constituent les corps naturels sont trop petits pour être aperçus de nos sens. Mais, en fait, toutes les règles de la mécanique appartiennent à la physique, et de même qu'un habile horloger saura reconstituer le mécanisme entier d'une montre dont plusieurs rouages lui sont invisibles, de même, en considérant les effets et parties sensibles des corps naturels, il a tàché de connaître quelles doivent être celles de leurs parties qui sont insensibles.

On répliquera peut-être qu'un horloger industrieux peut faire deux montres qui marquent l'heure en même façon, semblables à l'extérieur, et qui n'aient toutefois rien de semblable à la composition de leurs roues. Ainsi, il est certain que Dieu peut avoir fait que toutes choses de ce monde conservent même apparence, et cela par une infinité de moyens, sans qu'il soit possible à l'esprit humain de connaître lequel de tous les moyens il a voulu employer à les faire. Descartes ne fait aucune difficulté à accorder cela. Et il croira avoir assez fait si les causes qu'il a expliquées sont telles que tous les effets qu'elles peuvent produire se trouvent semblables à ceux que nous voyons dans le monde. Il croit même qu'il est aussi utile pour la vie de connaître ces causes ainsi imaginées que si on avait la connaissance des vraies. Aristote n'a pas voulu faire plus pour la médecine, les mécaniques et généralement tous les arts dépendant de la physique, et il le confesse au commencement du septième chapitre du premier livres de ses Météores. « Pour ce qui est des choses qui ne sont pas manifestes aux sens, je pense les démontrer suffisamment et autant qu'on peut le désirer avec raison, si je fais voir seulement qu'elles *peuvent* être telles que je les explique. »

On a cependant une certitude morale que toutes les choses de ce monde sont telles qu'il a été ici démontré qu'elles peuvent être, et par certitude morale il faut entendre celle qui suffit à régler nos mœurs. Ceux qui n'ont pas été en Italie ne doutent pas de l'existence de Rome, et si quelqu'un, pour déchiffrer un chiffre écrit en lettres ordinaires, emploie une combinaison qui donne un sens aux dépêches qu'il veut lire, il ne doutera pas d'avoir trouvé le vrai sens du chiffre, principalement si le chiffre contient un très grand nombre de mots. Cette certitude morale ne s'applique-t-elle pas à ces déductions que Descartes a tirées d'un très petit nombre de causes, en admettant même qu'il les ait supposées par hasard et sans que la raison ne les lui ait persuadées, et qui lui ont permis d'expliquer de si nombreuses propriétés de l'aimant, du feu et de tout ce qui est au monde ? Le nombre des lettres de l'alphabet est, d'un côté, beaucoup plus grand que celui des premières causes qu'il a supposées, et, d'un autre côté, on n'a pas coutume de mettre tant de mots ni même tant de lettres dans un chiffre, qu'il y a déduit de divers effets de ces causes.

Et même on a une certitude physique morale fondée sur un principe de métaphysique très assuré, qui est que Dieu, souverainement bon et source de toute vérité, nous a donné pour distinguer le vrai et le faux une puissance ou faculté qui ne nous trompe pas quand nous en usons bien, et qu'elle nous montre évidemment qu'une chose est vraie. Or, les principes de mathématiques qui forment la certitude de ce traité, ou d'autres aussi évidents et certains, sembleront absolument évidents. Il ne se peut faire que nous sentions aucun objet, sinon par le moyen de quelque mouvement local que cet objet excite en nous. Les étoiles fixes ne peuvent exciter ainsi en nos yeux aucun mouvement, *sans mouvoir aussi en quelque façon toute la matière qui est entre elles et nous.* D'où il suit que les cieux doivent être fluides, c'est-à-dire composés de petites parties qui se meuvent séparément les unes des autres ou, du moins, qu'il doit y avoir en eux de telles parties. Descartes a eu soin de proposer comme douteuses toutes les hypothèses qu'il a pensé l'être. Toutefois, ne voulant se fier trop à lui-même, il soumet toutes ses opinions au jugement des plus sages et à *l'autorité de l'Eglise.*

CHAPITRE III

Evolution cartésienne des sciences au XIXe siècle

§ I

Descartes et l'enseignement public au XIXe siècle

« L'erreur la plus naturelle à l'esprit humain, dès qu'il veut
» atteindre à l'origine des choses, c'est-à-dire chercher ce
» qu'il ne trouvera jamais, a toujours été de se mettre tout
» uniment à la place de l'auteur des choses et de refaire en
» imagination l'ouvrage de la pensée divine. Il est donc tout
» simple que chaque philosophe ait fait son monde, l'un avec
» le feu, l'autre avec l'eau ; celui-ci avec l'éther, celui-là
» avec des atomes. Je ne vous entretiendrai sûrement pas de
» toutes ces cosmogonies que les curieux trouveront partout,
» heureusement chacun a pu donner la sienne sans le
» moindre inconvénient, et celles de Descartes et de Leibnitz
» n'ont pas été plus dangereuses. Ceux-ci pourtant avaient
» moins d'excuse puisque tant de siècles d'expérience au-
» raient dû leur faire sentir que nous devions nous borner
» à l'étude des faits et à l'observation des phénomènes, sans
» prétendre deviner les causes premières dont le secret ap-
» partient à Dieu aussi nécessairement que l'œuvre même,
» puisque l'un et l'autre supposent l'infini, en sagesse comme
» en puissance.

» On crut à la mauvaise physique de Descartes parce qu'il
» était bon métaphysicien, comme on avait cru à celle d'A-
» ristote parce qu'il était bon dialecticien. Descartes, comme
» tant de grands esprits, n'avait pu se défendre de la tenta-
» tion de faire un monde et n'y avait pas mieux réussi. Mais
» on adopta ses éblouissantes chimères après avoir combattu
» ses vérités ; et quand Newton, sans chercher comment le

» monde avait été formé, découvrit les règles mathématiques
» qui le gouvernent, cette nouvelle lumière fut longtemps re-
» poussée. On ne se rendit qu'avec peine au calcul et à l'expé-
» rience, qui firent voir enfin que des principes dans lesquels
» se trouve renfermée la régularité nécessaire du mouvement
» de tous les corps étaient nécessairement les meilleurs.

» Cette partie de la philosophie (la physique) a fait de si
» grands progrès parmi nous et s'appuie maintenant sur des
» principes si sains, qu'il n'est plus permis de revenir aux
» rêveries de Descartes et à celles des anciens. Ce qu'il y a
» de bon dans ce philosophe est assez connu pour que tout
» professeur instruit puisse apprendre à ses disciples à le
» séparer de sa mauvaise physique. »

Ces appréciations sévères pour notre grand Descartes, le
fondateur de la philosophie moderne, le fondateur aussi peut-
être de la science moderne, sévères même pour Leibnitz, le
plus illustre et le plus acharné de ses contradicteurs, ont re-
tenti dans l'enseignement officiel français au commencement
du xixe siècle. Elles ont été prononcées par J.-F. La Harpe
en son célèbre cours de littérature ancienne et moderne. A
la fin de ce même xixe siècle, le Ministère français de l'Instruction publique vient de décider la réédition des œuvres
philosophiques de Descartes et aussi de ses œuvres scientifiques (1). Cette éclatante et tardive réhabilitation d'une gloire
aussi pure sera le couronnement de notre siècle de lumières.
La science qui nous avait éloigné de Descartes pendant le
règne si fécond pour elle de la gravitation newtonienne,
nous ramène par son évolution même et ses progrès à Descartes, le premier qui ait eu l'audace de chercher dans la
création même l'image *claire* et *distincte* de son créateur.
Un des premiers, Faye, l'un de nos doyens vénérés, a étudié et défini les grands tourbillons de notre atmosphère terrestre et, regardant en face le Soleil, il a affirmé l'existence
des grands tourbillons de l'atmosphère solaire. Toutes les

(1) Edition des œuvres de Descartes par MM. Adam et P. Tannery.

sciences ont suivi cette noble impulsion. Les tourbillons de Descartes ont étendu leur agitation dans toute la nature.

En parcourant avec vous le champ de nos théories modernes, j'y cueillerai quelques rameaux dont je voudrais faire autre chose qu'un fagot embroussaillé, autre chose même qu'une gerbe et un bouquet. Il me paraîtrait noble de rendre à l'arbre symbolique de Descartes, sa sève, sa frondaison, ses fleurs et ses fruits, et de l'appeler fièrement *l'arbre de la science française*.

§ II

Les tourbillons de Cauchy, de Helmholtz et de Thomson

Les travaux des frères Bernouilly ont marqué, pendant le xviiie siècle, un retour vers les théories cartésiennes et, pendant le xixe siècle, ces théories ont donné naissance à la théorie cinétique des gaz, dont le représentant le plus illustre a été Maxwell. Ce savant anglais procède directement, ai-je dit, de l'école de Démocrite expressément répoussée par Descartes. Il rejette l'hypothèse d'un milieu animique continu. Le vide de l'espace est peuplé d'une infinité de molécules infiniment petites, infiniment résistantes, infiniment élastiques, les distancés de ces molécules sont fort grandes au regard de leurs dimensions. Ces molécules des gaz, animées de la vitesse cinétique qui varie simplement avec leur température et donne par conséquent la mesure de cette température, se rencontrent et se réfléchissent dans tous les sens, à la façon de billes de billard, au hasard des chocs, et leur mouvement, défini par les lois du calcul des probabilités, permet de justifier, au dire des cinétistes, toutes les lois de la physique du monde. Je dirai par exemple que la pression d'un gaz sur les parois du vase qui le renferme est directement proportionnelle au nombre de molécules de ce gaz, et c'est la loi de Mariotte. Quand le volume d'un gaz est réduit de moitié, sa pression devient double. Quand la température de ce gaz augmente, la vitesse des molécules s'accroît et le nombre de chocs sur la paroi s'augmente dans le même rapport, c'est la loi de Gay-Lussac. Toutes les lois naturelles ne s'expliquent malheureusement pas avec le même bonheur. Il est nécessaire de recourir, pour l'explication de certains phénomènes, à l'hypothèse d'actions réciproques analogues aux forces newtoniennes, et n'est-ce pas le cas de faire à cette théorie de Maxwell le reproche que Descartes adressait à celle de Démocrite. « On a » eu sujet de la rejeter à cause qu'il n'expliquait point en » particulier comment toutes choses avaient été formées par » la rencontre de ces petits corps, ou bien, s'il l'expliquait » de quelques-unes, les raisons qu'il en donnait ne dépen- » daient pas tellement les unes des autres que cela fît voir que » toute la nature pouvait être expliquée en même façon. » Récemment, M. H. Poincarré, puis Jos. Bertrand, ont émis quelques doutes graves sur la rigueur des théorèmes fondamentaux de cette théorie, et les chefs de l'école anglaise se sont inclinés devant les observations des deux savants français.

Il appartenait à l'école de Helmholtz de revenir à la théorie tourbillonnaire de Descartes et de donner ainsi au cinétisme, à la physique du mouvement, une forme beaucoup plus rigoureuse.

M. H. Poincarré a pris pour sujet des leçons professées par lui à la Sorbonne pendant le deuxième semestre 1891-1892, l'exposition et la démonstration de ce théorème de Helmholtz « qui constitue, dit-il, le plus grand progrès qu'aient fait » jusqu'aujourd'hui les théories hydrodynamiques.

» Les mouvements tourbillonnaires paraissent jouer un » rôle considérable *dans les phénomènes météorologiques*, rôle » que Helmholtz a tenté de préciser. »

M. Poincarré rapproche les équations de Helmholtz de celles de la thermodynamique, des équations de Maxwell en particulier. Leur analogie a permis dans certains cas de déduire d'un problème résolu dans l'une des théories, la solution d'un problème posé dans l'autre. Il décrit les tentatives faites pour créer un lien plus étroit encore. Enfin, il développe les conséquences du théorème de Helmholtz relatives au mouvement des fluides, en en comparant les résultats à ceux de l'électrodynamique.

J'emprunte à M. P. Duhem l'exposé lumineux et élégant de cette théorie:

« Cauchy (1) a montré que l'on pouvait se représenter très
» simplement la modification éprouvée, pendant une durée
» infiniment courte, par une très petite partie d'un corps
» qui se meut en se déformant d'une manière quelconque.
» Cette modification résulte toujours de trois modifications
» plus simples: en la première, la particule matérielle subit
» une déformation qui la dilate inégalement suivant trois
» directions rectangulaires convenablement choisies ; en la
» seconde, elle tourne d'un très petit angle autour d'une
» certaine droite, menée par son centre de gravité, et que
» l'on nomme son axe instantané de rotation ; en la troi-
» sième, sans changer de forme ni d'orientation, elle se
» transporte d'une très petite longueur dans une direction
» déterminée. De ces trois espèces de modifications, dilata-
» tion, rotation, translation, une ou deux peuvent faire
» défaut, par exemple telle ou telle particule de la masse
» étudiée peut n'éprouver aucune rotation. Lorsque le mou-
» vement infiniment petit d'une particule comporte une rota-
» tion instantanée, on le nomme *mouvement tourbillonnaire*.

» Les mouvements tourbillonnaires des fluides sont doués
» d'étranges propriétés.

» Considérons un fluide, gaz ou liquide, que nous suppo-
» serons dénué de toute viscosité, et imaginons que ce fluide
» soit en mouvement. Si, à un instant quelconque du mouve-
» ment, une particule de ce fluide est privée de mouvement
» tourbillonnaire, elle en sera privée pendant toute la durée
» du mouvement; si, au contraire, elle est douée de rotation,
» à aucun moment cette rotation ne pourra s'arrêter ni
» changer de sens.

» Il y a plus, prenez une particule animée d'une rotation

(1) P. Duhem, *L'évolution des théories physiques, du XVIII⁰ siècle
jusqu'à nos jours* (1896).

» instantanée, et prolongez hors de sa masse l'axe autour
» duquel elle tourne ; cet axe va rencontrer une nouvelle
» particule, contiguë à la première et tournant dans le même
» sens qu'elle autour d'un axe peu différent du premier ; on
» peut ainsi, à partir d'une première particule tourbillonnante,
» déterminer de proche en proche une file de particules sem-
» blables ; on dirait d'un collier de perles, toutes enfilées
» dans un même brin de soie, autour duquel elles tourne-
» raient ; parmi ces perles, les unes plus grosses, tournent
» plus lentement ; les autres plus menues sont animées d'un
» mouvement de rotation plus rapide ; mais toutes tournent
» dans le même sens. Tantôt le brin de soie idéal qui relie
» ces perles tourbillonnantes traverse de part en part la
» masse fluide, pour ne se terminer qu'aux surfaces qui la
» limitent ; vous avez alors un *tube tourbillon* ; tantôt il
» vient se fermer sur lui-même en un collier flexible, vous
» avez dans ce cas un *anneau tourbillon*.

» Lorsqu'un fluide sans viscosité renferme un tube tour-
» billon ou un anneau tourbillon, la masse fluide qui com-
» pose, à un instant donné, ce tube ou cet anneau, est aussi
» celle qui le composera indéfiniment, le brin de soie qui relie
» entre elles les perles tourbillonnantes a beau n'être qu'un
» fil idéal, c'est aussi un fil incassable ; il peut se déformer et
» se déplacer, le tube ou l'anneau peut s'infléchir, onduler,
» parcourir la masse fluide en tous sens ; le fil ne peut se
» couper ; chacune des perles qui composent le tube ou l'an-
» neau est invinciblement liée à ses compagnes.

» Semez ces étranges anneaux tourbillons au sein d'un
» fluide privé de mouvements tourbillonnaires, vous les
» verrez s'approcher ou s'éloigner les uns des autres comme
» si des forces exercées à distance les sollicitaient : forces
» fictives, qui ne sont que l'effet apparent des pressions en-
» gendrées par les tourbillons dans le fluide interposé : les
» formules qui régissent ces forces ont d'étroites analogies
» mathématiques avec les lois électrodynamiques établies par
» Ampère.

» Ces propositions surprenantes n'ont rien d'hypothétique,
» ce sont des *Théorèmes*, que des déductions rigoureuses font
» sortir des principes de l'hydrodynamique ; établir ces pro-
» positions certaines, c'est le rôle auquel s'était borné l'esprit
» logiquement prudent de Helmholtz.

» L'imagination audacieuse de W. Thomson fit jaillir de
» ces théorèmes une physique nouvelle.

» Que l'espace soit rempli d'un éther fluide, dénué de vis-
» cosité ; que d'innombrables anneaux tourbillons, formés de
» ce même fluide, flottent dans le reste de l'éther que n'anime
» aucun mouvement tourbillonnaire, chacun de ces anneaux
» tourbillons, chacun de ces vortex sera un système matériel
» insécable, éternel, en un mot un *atome*. Les dimensions,
» les formes, les vitesses de rotation de ces divers anneaux
» tourbillons peuvent offrir une infinie variété ; il pourra
» donc y avoir une infinité d'espèces d'atomes, et les chimis-
» tes ne devront plus s'étonner si l'expérience leur révèle
» chaque jour un nouveau corps simple. Ces vortex s'appro-
» cheront ou s'éloigneront les uns des autres comme si des
» actions s'exerçaient à distance de l'un à l'autre ; ces ac-
» tions seront des forces fictives, l'effet des pressions que les
» anneaux tourbillons engendrent dans l'éther ambiant.
» Ainsi se trouvera constitué un monde formé d'une matière
» nue, sans qualité, capable seulement de figure et de mou-
» vement, le monde de Descartes en un mot. »

Sir William Thomson abandonne l'hypothèse des atomes,
séparés dans le vide des espaces par des distances immenses
vis-à-vis de leurs propres dimensions. Il admet, comme Descartes, que la matière est continue, mais que certaines portions sont animées de mouvements tourbillonnaires qui d'a-
près le théorème de Helmholtz doivent conserver leur indi-
vidualité.

Comme Descartes également, il n'admet pas que l'énergie
potentielle puisse se rapporter à un état moléculaire statique
pour ainsi dire, le ressort bandé est pour lui un corps en mouvement réel et non latent. Faisant tourner un giroscope

formé de quatre tiges rigides articulées, il montre que la diagonale horizontale jouit pour une vitesse déterminée de toutes les propriétés d'un ressort solide ; par extension, et en supprimant toutes les tiges rigides, il arrive à la conception d'un milieu fluide élastique, doué de toutes les propriétés des ressorts. L'énergie *potentielle* est une *agitation actuelle*, suivant l'expression de Descartes (1).

La doctrine des *vortex* a rencontré peu de partisans parmi les physiciens du continent. Helmholtz lui-même n'a jamais consenti à l'adopter.

Les doctrines cinétiques rendent compte, à la vérité, du premier principe de la thermodynamique, la conservation de l'énergie. Elles se prêtent difficilement à la démonstration du principe de Carnot-Clausius, qui peut se résumer dans ce fait que la chaleur ne pourrait passer d'un corps plus froid sur un autre corps plus chaud. Dans le cas des cycles reversibles de Carnot, les démonstrations sont pénibles et discutables, mais pour les cycles irréversibles les démonstrations n'existent plus.

Il est juste de dire qu'ici l'hypothèse de Newton ne donne pas de résultats plus satisfaisants. En présence de cette grande difficulté qu'il y a de déduire les lois de la thermodynamique, lois pourtant certaines et inattaquables, des principes de la dynamique pure à laquelle on rattache ces lois, beaucoup de bons esprits se sont demandé s'il ne serait pas plus sage de partir de ces lois fondamentales de la thermodynamique et de considérer les équations de la dynamique comme de simples cas particuliers de ces lois thermodynamiques, obtenus en supprimant les variations de la chaleur. En résumé, les principes mêmes de la physique présentent encore des obscurités que M. H. Poincarré ne dissimule en rien, lorsqu'il affirme que le dynamisme de Leibnitz et de Newton, comme le mécanisme pur de Descartes, est incompatible avec la thermodynamique (2). M. Poincarré se défend

(1) L'expression *vortex*, *vortice*, est de Descartes.
(2) H. **Poincarré**, *Hydrodynamique*.

d'ailleurs de l'accusation portée contre lui de vouloir restaurer les qualités occultes de l'Ecole d'Aristote.

D'autres physiciens, parmi lesquels M. Duhem cite Rankine, sont plus audacieux et accordent à la matière des qualités non pas occultes mais inexpliquées et indépendantes de la figure et du mouvement, la chaleur, la lumière, la couleur, l'aimentation, etc..., et leur science se contente provisoirement d'admettre ces qualités comme réelles et de les mesurer.

§ III

Quelques réflexions sur le cinétisme et l'énergie potentielle

Il m'est resté quelque impression profonde de mes recherches expérimentales sur les fluides, de l'étude que j'ai faite des œuvres considérables de G. A. Hirn (1) dont j'ai eu la fortune d'interpréter avec quelque bonheur plusieurs résultats inexpliqués par lui (2) de la correspondance que j'ai entretenue avec ce maître illustre et avec ses disciples les plus autorisés : Emile Schwœrer et surtout V. Dwelshauvers Dery, l'éminent recteur de l'Université de Liège, c'est que le cinétisme pur ne saurait, par la seule rencontre fortuite de molécules séparées se mouvant dans le vide, rendre compte de tous les phénomènes de la thermodynamique. Et, sans me prononcer sur l'existence d'une force indépendante de la matière et de ses mouvements réels, la continuité de cette matière et la résistance à la propagation de ses mouvements qui résulterait de cette continuité me fournirait la notion claire et distincte d'une tension qui peut persister entre ses masses rapprochées. C'est le ressort de cette montre de cristal qui constitue l'univers et dont le philosophe Descartes parvint si

(1) Hirn, *Nouvelles recherches expérimentales sur la limite de vitesse que prend un gaz...* (G. Villars, 1889).

(2) Parenty, *C. R. Ac. des sciences*, t. CIII, p. 125 ; t. CXIII, p. 184, 493, 594, 790. — *Annales de physique et chimie*, 7ᵉ série, t. VIII, mai 1896 ; t. XII, nov. 1897.

habilement à démontrer les rouages ; c'est l'énergie potentielle dont la géométrie nous donne la formule abstraite et
que nous retrouvons si visiblement réalisée dans une des
manifestations les mieux étudiées de la force, le magnétisme.

Notre planète est entraînée dans le tourbillon solaire de
Descartes entre deux nappes de la matière des cieux, animées
d'une vitesse prestigieuse et bien supérieure à la vitesse
orbiculaire. Cette vitesse est différente pour les deux nappes,
et il résulte de cette différence une rotation dans un sens
déterminé. Mais si l'on imagine de même que cette différence
de vitesse des deux nappes ne soit pas entièrement employée
à produire le mouvement de rotation de la terre, il en résultera manifestement dans chacun des deux mouvements de
translation et de rotation une réserve de mouvement qui se
transformera en *agitation*, et constituera les deux énergies
potentielles de translation et de rotation de la Terre. Ce
mouvement accessoire, qu'il demeure à l'état d'agitation
réelle ou qu'il se transforme en une torsion déterminée,
une orientation de la matière terrestre, constituera la cause
du magnétisme permanent de notre globe. Cette explication
du phénomène de l'induction pourra se transporter à des
tourbillons secondaires plus petits, et même aux tourbillons
moléculaires.

On ne saurait donc refuser à Descartes le mérite d'avoir le
premier deviné l'existence et la cause de cette énergie interne,
qu'il prend soin d'accumuler, au fur et à mesure de la création, dans les replis les plus profonds des couches géologiques, dans les pores les plus cachés des corps. C'est cette
agitation du premier élément (le feu), tempérée par l'allure
plus sage de son compagnon le second élément (la matière
des cieux), qui jaillit d'un caillou sous le heurt du fusil, et
annonce par le bruit éclatant de la foudre et la lueur vive
des éclairs le choc des masses gazeuses de notre atmosphère,
mais ce merveilleux génie n'a-t-il pas entrevu dès lors cette
torsion moléculaire de l'énergie potentielle, sous la figure de
ces coquillages électriques, de ces parties cannelées qui don-

nent naissance à l'électricité, et produisent, en s'enchevê-
trant, en s'organisant, la matière des corps avec toutes ses
propriétés, toutes ses affinités.

La conception et l'hypothèse d'une force à la fois attractive et répulsive, tourbillonnante, telle que la force électrique,
aurait du reste pu dispenser la matière des cieux de ce mouvement vertigineux que Descartes lui attribue, mouvement
qui détermine les révolutions et rotations des planètes, d'un
ordre de vitesses infiniment plus lentes. La propagation si
rapide de l'électricité dans le champ magnétique ou électrodynamique pourrait alors n'être qu'une simple orientation de
la matière à laquelle elle tend à coup sûr à imprimer un
mouvement, un écoulement définitif. Il ne faudrait pas ainsi
confondre cette propagation, cette orientation, cette impulsion, avec le mouvement proprement dit de la matière des
corps. La force est ici bien indépendante du mobile. En vérité, les protubérances du Soleil qui sont des tourbillons électriques traversent, dans la direction des rayons de sa sphère.
les couches de son atmosphère, animées de mouvements parallèles à sa surface. Ces protubérances ne provoquent donc
pas, immédiatement du moins, le mouvement réel de la
matière des corps, et leur effroyable vitesse ne saurait être
attribuée à un écoulement colossal des gaz vomis par les
cratères du Soleil.

Je vois en cette image d'un effluve vertical traversant, sans
l'entraîner aussitôt, un courant horizontal de matière, une
démarcation logique très apparente entre le champ de forces
et le tourbillon dont la constitution géométrique et les diverses surfaces sont, nous le verrons, identiques et super-
posables, et qui diffèrent en ce que le premier donne à la
matière une orientation que le second transformera en un
mouvement réel. Pour Descartes, ces deux phénomènes sont
des mouvements, mais le premier, discontinu, est un *tremblement*, un *tour et retour*, une *agitation*, ce que nous appelons aujourd'hui une vibration moléculaire ; le second, continu, est une translation de la matière. Et l'on comprendra

très clairement que le champ de force qui emprunte dans chaque milieu la vitesse de propagation des vibrations infiniment petites, ait pour premier effet de rompre en quelque sorte la continuité de la matière, de la cisailler, de la disposer en une série de minuscules voussoirs limités par ses surfaces de force et de niveau. Cet édifice, privé de tout ciment, se maintient en un état d'équilibre que l'enlèvement accidentel d'une ou plusieurs clefs de voûte aura pour effet de rendre instable et de détruire progressivement. Le mouvement réel de translation commence alors à se dessiner, et cet écoulement emprunte précisément les trajectoires que lui ont créées le champ de forces ou plutôt de vibrations.

J'ai d'ailleurs établi dans l'étude des jets de vapeur que la vitesse de propagation d'une force dans la matière reste toujours supérieure à la vitesse réelle de translation qu'elle imprime à cette matière, or Descartes avait dit :

« Les corps reposent en leur ciel qui les entraîne et marche
» bien plus vite qu'eux. »

En résumé donc, si le monde de Descartes a besoin d'être complété, comme le soutenaient Newton et Leibnitz, par une force, cette force dont nous ne connaîtrons jamais exactement la nature, dont nous pressentons seulement qu'elle doit être unique, se prêter à la fois à l'explication des phénomènes de la gravitation, de la lumière, de l'électricité, de l'affinité chimique, etc., peut se présenter à notre esprit comme une réserve de travail, une accumulation de mouvements. Et s'il en est ainsi, nous ferons encore à la glorieuse conception de Descartes cette même concession que lui octroyait le sceptique Pascal : « Tout n'est que figure et mouvement. »

§ IV

Ἀεὶ ὁ Θεὸς γεωμετρεῖ

Ça été l'erreur de la science naissante, alors surtout qu'elle ne s'était pas affranchie provisoirement des liens étroits qui l'enchaînent à la métaphysique, d'imposer au Créateur l'obli-

gation de donner à la création des lois géométriques simples
et par là même facilement accessibles à nos moyens de recherches, à nos calculs précis.

« Dans cette vision sublime (1) au récit de laquelle Cicé-
» ron (2) a poétiquement enchaîné le dogme de Platon, Sci-
» pion l'Africain a vu s'entr'ouvrir le ciel. Il aperçoit les
» sept sphères concentriques roulant avec leurs sept pla-
» nètes (3) autour de notre Univers ; et l'harmonieux fracas
» de leurs sept notes concordantes frappe pour la première
» fois son oreille insensibilisée par l'accoutumance à ce per-
» pétuel et effrayant accord. Le nombre seul préside, en ce
» merveilleux panthéisme de la Grèce, à la triple harmonie
» des espaces, des mouvements et des sons. Et le nombre,
» cette vérité immuable et toute-puissante, c'est Dieu lui-
» même ou l'attribut le plus grandiose de sa divinité. ».

En vérité, c'est à cette conception séduisante de l'absolue
fixité, de la majestueuse simplicité qui préside aux lois de la
création, que l'immortel Newton a dû la découverte du principe de l'attraction universelle des corps ; et cette découverte
a été la consécration des travaux de Galilée expliquant la
pesanteur et prouvant la révolution des planètes autour du
Soleil, de Képler définissant, avec une rigueur absolument
géométrique, les éléments de cette révolution, de Huygens
établissant la combinaison et le rapport des forces centrales
et des forces centrifuges, enfin aussi de Descartes demandant
à la géométrie la théorie des phénomènes de la réfraction
par le mouvement de ses petites boules de matière transparente.

Les incessants progrès de la science ont aujourd'hui démontré la complication des lois de la nature, les corps célestes

---

(1) H. Parenty, séance de la Société du Musée de Riom du 4 février 1897.

(2) Cicéron, *Songe de Scipion.*

(3) Remarquons ici que le tourbillon de Descartes procède directement
de la sphère de Platon ; dans les deux systèmes les astres reposent en leur
ciel qui se meut en les entraînant.

ne décrivent pas des courbes du second degré, cercles, ellipses ou paraboles, leurs orbites ne sont même pas des courbes planes, bien plus ces courbes gauches ne se ferment pas et leur succession forme l'inextricable réseau d'une hélice enchevêtrée. Dans toutes les parties de la physique, la recherche des perturbations domine les efforts des savants, et la géométrie humaine ne parvient à les définir que par l'artifice des différences, des approximations et des développements abrégés.

Newton a eu, dit-on, l'idée de son système en voyant tomber une pomme. Descartes a construit l'ébauche du sien sur la contemplation d'un léger tourbillon, emporté par le courant de la rivière. Le mouvement d'une pomme, régulier, vertical, et celui d'un tourbillon, irrégulier, tourmenté, définissent nettement le caractère des deux conceptions. Newton n'a eu qu'une préoccupation, celle de faire rentrer l'ensemble de ses expériences dans le cadre d'une loi simple et géométrique. Descartes n'a qu'un souci, celui de mettre ses disciples en garde contre la nécessité d'une loi régulière et algébriquement définie.

« Toutes les diverses erreurs des planètes, lesquelles s'é-
» cartent toujours plus ou moins en tous sens du mouvement
» circulaire auquel elles sont principalement déterminées,
» ne donneront aucun sujet d'admiration si on considère que
» tous les corps qui sont au monde s'entretouchent sans qu'il
» puisse y avoir rien de vide, en sorte que même les plus
» éloignés agissent toujours quelque peu les uns contre les
» autres par l'entremise de ceux qui sont entre eux, bien
» que leur effet soit moins grand et moins sensible, à raison
» de ce qu'ils sont plus éloignés, et aussi que le mouvement
» particulier de chaque corps peut être continuellement dé-
» tourné tant soit peu en autant de diverses façons qu'il y a
» d'autres divers corps qui se meuvent en l'univers. »

Dans cette immense organisation chaotique de l'univers de Descartes, tout s'enchevêtre et se complique, les étoiles, par leurs réfractions multiples, nous inondent de leurs multiples images, les tourbillons se pressent et bouillonnent, les grands corps se balancent aussi bien dans l'océan des cieux que les fétus de paille dans le ruisselet d'une prairie.

Et ces perturbations apportées aux grandes lois géométriques du monde, que leur faible importance numérique n'a pas toujours permis de constater tout d'abord, apparaissent avec le perfectionnement des appareils et des mesures ; par leurs oscillations plus ou moins périodiques, elles ont donné naissance à des lois accessoires, à des sciences nouvelles, parmi lesquelles il faut placer la météorologie.

Descartes n'est donc pas un savant du commencement de ce siècle, de ceux qui affirmaient avec La Harpe que « les principes dans lesquels se trouve renfermée la *régularité nécessaire* du mouvement de tous les corps étaient *nécessairement* les meilleurs. » Il se relie directement par sa croyance à la complication réelle des mouvements de l'univers, à la pléiade des savants et des géomètres qui ont illustré la fin de ce xixᵉ siècle.

§ V

Fiat lux

« Lorsque Dieu a dit « Fiat lux » il a fait mouvoir les parties de la matière et leur a donné une inclination à continuer ce mouvement en ligne droite. Cela même est la lumière (1). Dieu est donc la première cause du mouvement, et *il en conserve toujours une égale quantité dans l'univers* (2), mais la rencontre d'autre matière modifie ce mouvement. C'est ainsi que lorsqu'un corps se meut c'est suivant un cercle ou un anneau, c'est ainsi que la pierre de la fronde, qui tend à suivre la tangente, est retenue par l'action de la corde dont notre main peut apprécier la tension. Si un corps qui se meut en rencontre un plus fort que soi, il rejaillit et ne perd

____

(1) *Lettres de Descartes*, t. II, lettre 48, page 270, 1ʳᵉ édition de 1659.
(2) Voir notre *Analyse des principes*, p. 40 et suivantes.

rien de son mouvement ; s'il en rencontre un plus faible qu'il puisse mouvoir, il en perd autant qu'il lui en donne. »

Les critiques de Descartes lui ont peut-être trop sévèrement reproché d'avoir, par une intuition métaphysique fort remarquable déjà, énoncé le principe de la conservation *de la quantité de mouvement*, alors que notre science nous révèle le principe de la *conservation de l'énergie*. Il est parfaitement certain que Descartes ne nous fournit pas encore, et pour cause, l'expression analytique de notre théorème des forces vives. Je ne crois pas cependant qu'on puisse lui reprocher d'avoir absolument ignoré la nature de l'énergie interne et externe des systèmes en mouvement. Sa quantité de mouvement semble, en tous les cas, différer de notre produit *mv*.

« Le mouvement, dit-il, est l'action par laquelle un corps passe d'un lieu à un autre, telle est *la définition commune*, » mais il ajoute : « La véritable nature bien déterminée du mouvement c'est qu'il est le transport d'une partie de la matière ou d'un corps du voisinage de ceux qui le touchent immédiatement et que nous considérons comme au repos dans le voisinage de quelques autres. C'est une propriété du mobile et non pas une substance. De même que la figure est une propriété de la chose figurée, le repos est une propriété de la chose au repos. Le repos et le mouvement ne sont rien que deux façons diverses dans les corps où ils se trouvent, et il n'est pas requis plus d'*action* pour le mouvement que pour le repos ; il faut tout autant de force pour mettre un bateau en mouvement que pour l'arrêter. »

Ces définitions du mouvement et du repos sont très claires, il est très exact que ce soient là des *qualités* des corps. Mais Descartes n'a pas su nous donner la *mesure* de ces qualités, et par conséquent il s'est gardé de définir ici l'expression *quantité de mouvement*. Cette ignorance très réelle et j'ajoute très justifiée du maître apportait, paraît-il, quelque obscurité dans l'âme de ses disciples et les empêchait parfois de saisir les explications qu'il leur avait données de certains phénomènes. Sa théorie du jeu de mail, dont les boules élastiques comme nos billes de billard, mais de diamètres inégaux, se choquent, s'entraînent et se repoussent, ne satisfaisait pas entièrement le P. Mersenne, et dans sa réponse à des objections dont nous ne connaissons malheureusement pas l'énoncé exact, Descartes précisait sa conception de la mesure du mouvement. A propos d'un effet par lequel une petite boule pressée entre une plus grosse et le sol, s'échappe obliquement avec une grande vitesse à la façon d'un noyau de cerise comprimé entre les doigts, il écrit :

« Il est certain que le noyau de cerise qui sort d'entre les doigts se meut beaucoup plus vite à cause qu'il en sort obliquement, et quand on dit que le corps qui en meut un autre doit avoir autant de vitesse qu'il en donne à cet autre, cela ne s'entend que des mouvements en même ligne droite. Mais je vois en tout ceci que *vous ne distinguez pas le mouvement de la vitesse*, et que vos difficultés ne viennent que de là. » Descartes établit ensuite :

1° Que pour *un corps déterminé* animé d'une vitesse également déterminée, le mouvement ne dépend en aucune façon du temps que l'on a mis à l'imprimer, mais simplement de la vitesse acquise par le corps. « Car s'il se meut également vite, il a toujours autant de mouvement par quelque cause que ce mouvement ait été imprimé en lui, l'impression (impulsion), le mouvement et la vitesse considérés *en un même corps* ne sont qu'une même chose. »

2° Que pour *des corps différents* soumis à la même vitesse déterminée, « le mouvement ou l'impression sont différents de la vitesse », et croissent proportionnellement au volume et à la solidité (masse spécifique) de ces corps. Ces deux premiers points sont rigoureusement exacts. Descartes aurait pu passer ensuite au cas de variation de la vitesse d'un même corps, et établir une relation aussi claire entre le mouvement et la vitesse. Il se garde prudemment de nous dire si ce mouvement, dont il pose en principe l'indestructible conservation dans l'univers, demeure proportionnel à la vitesse (mv, quantité de mouvement) ou au carré de la vitesse (mv^2, force vive, énergie cinétique), et nous lui accorderons avec d'autant plus de raison le bénéfice de cette réserve, que pour s'en justifier il fait intervenir ici la limite imposée par la résistance d'un milieu quelconque « medium » à la vitesse des corps de densités diverses tels que le plomb et le sureau, et qu'il nous a initiés en d'autres endroits à cette idée tout à fait moderne qu'une perte de vitesse se transforme en *agitation*, c'est-à-dire, suivant notre expression actuelle, en *énergie interne* (1).

Pour passer de la langue de Descartes à la nôtre, il faut en vérité substituer aux expressions qu'il déclare équivalentes : *impression, mouvement, action*, nos expressions *impulsion, force vive, énergie cinétique*, et comprendre dans le mot général *agitation* les choses qu'aujourd'hui nous appelons *vibration moléculaire, chaleur, énergie interne*, et même *énergie potentielle*.

Il faut convenir qu'ici même Descartes se rapproche singulièrement de notre science.

§ VI

Champs de forces et tourbillons

Afin d'éviter le reproche adressé par Descartes aux chimistes qui « ne font que dire des mots hors de l'usage commun, » pour faire semblant de savoir ce qu'ils ignorent », je ferai précéder de quelques définitions l'exposé que je vais faire de mouvements tourbillonnaires empruntés à diverses parties de la physique.

Vitesse. C'est le rapport du chemin parcouru au temps employé à le parcourir (Dimensions : LT^{-1}).

Accélération. C'est le rapport de l'augmentation d'une vitesse variable à l'augmentation du temps (Dimensions : LT^{-2}).

Quantité de mouvement. C'est le produit de la masse par la vitesse (Dimensions : LMT^{-1}).

(1) 2e vol. de la 1re édition des *Lettres de Descartes*, p. 509, lettre cviii ; Paris, H. Legras et Ch. Angot, 28 mai 1659.

Ce produit ne se rapporte en rien à la *quantité de mouve ment* que Descartes supposait constante en l'univers et qui comprenait les mouvements réels apparents des corps et leurs agitations internes, en un mot tout ce que nous avons fait entrer dans l'*énergie* dont en dépit des critiques superficiels Descartes nous a fourni la première notion précise.

Force. Elle a pour mesure le demi-produit de la masse par l'accélération de vitesse qu'elle imprime à cette masse (Dimensions : $L M T^{-2}$).

Certains philosophes ont placé la force hors de la matière ; Descartes en fait une simple manifestation du mouvement. D'autres la placent dans la matière ; Leibnitz en fait l'essence des êtres. Newton ne se préoccupe pas de définir la force, et à son exemple notre science moderne se contente d'en constater et mesurer les effets. Nous ne reprocherons ni à Descartes, ni à Leibnitz d'avoir voulu définir cet effort qui engendre et modifie le mouvement.

Travail. C'est le produit de la force par le chemin qu'elle fait parcourir au mobile dans sa propre direction (Dimensions : $L^2 M T^{-2}$).

Puissance. C'est le rapport du travail au temps (Dimensions : $L^2 M T^{-3}$).

Densité. C'est le rapport de la masse au volume (Dimensions : $L^{-3} M$).

Elasticité. C'est le rapport de l'allongement d'un corps à sa longueur, sous l'action de l'unité de force agissant sur l'unité de section (Dimensions : $L^{-1} M T^{-2}$).

Force vive. C'est le demi-produit de la masse par le carré de la vitesse (Dimensions : $L^2 M T^{-2}$). C'est donc l'équivalent d'un travail.

Energie. C'est le résultat et l'équivalent d'un travail appliqué à un système. Ce travail peut se décomposer en trois portions destinées :

1° A produire les forces vives des masses du système en mouvement, ce travail se nomme l'énergie cinétique ;

2° A surmonter les frottements du système. Les travaux de

Joule, Hirn, etc., ont démontré que cette énergie bien loin d'être perdue se transforme en *chaleur*.

3° A lutter contre des forces moléculaires telles que l'élasticité, l'affinité chimique, etc., à surmonter des forces naturelles comme la gravitation, l'attraction ou la répulsion électrique ou magnétique ; dans ce cas l'énergie est emmagasinée, réservée, elle peut donner lieu à un travail de réaction, comme l'action du ressort d'une montre, la chute d'un poids d'horloge qui a été relevé, etc. Cette *énergie potentielle* peut être retransformée en énergie cinétique.

Les cinétistes dans la théorie des gaz et M. Thomson dans la physique générale des corps n'admettent pas de distinction entre l'énergie potentielle et l'énergie cinétique, tout est pour eux mouvement réel, actuel, *agitation*, suivant l'expression de Descartes.

Pour d'autres savants, l'énergie potentielle est caractérisée par une torsion moléculaire de la matière au repos. Comment pourrait-on dire sans hardiesse que le poids d'une horloge ou le ressort d'une montre à l'arrêt possèdent une énergie potentielle qui soit à la fois une énergie cinétique, un mouvement ? De même, pour les affinités chimiques, comment admettre qu'un mouvement préalable, réel, précède la combinaison des deux éléments chlore et hydrogène, soufre et oxigène, acide sulfurique et potasse ? Ces affinités sont latentes, potentielles, elles ne correspondent pas à un mouvement réel mais à une simple torsion moléculaire dont la détente produira la combinaison sous une influence extérieure, comme le poids de l'horloge, comme le ressort de la montre, relevé ou bandé, donnera les mouvements au mécanisme dès qu'on l'aura déclanché. Pour ces disciples de Descartes, l'énergie potentielle doit être soigneusement distinguée de l'énergie cinétique à laquelle elle doit sa naissance et qu'elle peut engendrer elle-même.

N'oublions pas que le principe cartésien de la *conservation du mouvement* s'applique à cette première hypothèse dans laquelle toutes les énergies sont des mouvements. Et alors il ne diffère pas de notre principe de la *conservation de l'énergie*.

L'énergie d'un système est une quantité qui ne peut être accrue ni diminuée par aucune action mutuelle entre les corps qui composent le système. La conservation de l'énergie est parallèle à la conservation de la matière, et ces deux conservations forment la base de notre science moderne. Il résulte de ce principe qu'un système en mouvement ne peut produire par lui-même qu'un travail extérieur limité, et que le mouvement perpétuel n'existe pas.

L'énergie prend indifféremment la forme mécanique, électrique, thermique ou chimique. L'expérience montre que l'énergie mécanique ou électrique peut se transformer intégralement en énergie thermique ou chimique, mais qu'une partie seulement de l'énergie thermique ou chimique est susceptible d'affecter le mode mécanique ou électrique (1).

Forces centrales. On nomme ainsi les forces qui attirent ou repoussent les points matériels de l'espace dans la direction d'un point central. Ces forces ne peuvent se transmettre sans l'existence d'un milieu présentant une certaine résistance et que Hirn appelle le *milieu animique*. Ce sont des forces *newtoniennes* lorsqu'elles sont proportionnelles aux produits des masses des points réciproquement attirés et inversement proportionnelles aux carrés de leurs distances. Il peut y avoir plusieurs centres, dont les actions se composent pour les divers points de l'espace, et donnent lieu à une résultante unique.

Champs de forces. C'est l'espace soumis à l'action d'un ou plusieurs centres. Si l'on y déplace *un point O dont la masse soit supposée égale à l'unité*, on obtient une résultante des forces centrales dont la grandeur et la direction s'appellent *intensité* et *direction* du champ pour chaque point considéré de l'espace.

Cette composition de forces dirigées suivant les rayons ou

(1) Voir Eric Gérard, *Leçons d'électricité* ; G. Villars, 1893.

vecteurs, joignant chaque point de l'espace aux centres, doit se faire suivant la loi du parallélogramme des forces, elle est généralement complexe. On réduit la solution du problème à une simple addition algébrique suivie d'une dérivation en considérant une fonction nouvelle définie par Laplace et étudiée par Green et Gauss sous le nom de potentiel.

Potentiel. Quelle que soit la direction d'un déplacement élémentaire *ds* du point O, son inclinaison sur les divers vecteurs des masses $m\ m'\ m''$... le travail élémentaire *ds* a pour expression : $K \sum \frac{mdr}{r^2}$.

Cette somme qui s'applique à toutes les directions de déplacements a pour intégrale

$$- K \sum \frac{m}{r} + C^{te}$$

On nomme potentiel de Gauss l'expression

$$+ K \sum \frac{m}{r}$$

dont la différentielle, prise en sens contraire, représente le travail élémentaire des forces du champ.

Le *potentiel* d'un point de l'espace est donc proportionnel à la somme des rapports $\frac{m}{r}$ des masses agissantes m, à leurs distances r à ce point. Il ne faut pas confondre le potentiel, qui est une fonction géométrique, avec l'énergie potentielle qui est le résultat et l'équivalent d'un travail.

Surfaces équipotentielles. Ce sont les surfaces dont tous les points ont même potentiel, on les appelle également surfaces de niveau par analogie avec la surface d'une nappe liquide partout normale à la gravité. On peut imaginer des surfaces de *forces* normales aux précédentes.

Lignes équipotentielles et lignes de force. En considérant le plan de deux masses agissantes on a des lignes équipotentielles et des lignes de force qui se coupent à angle droit.

Énergie potentielle d'un système. L'énergie potentielle d'un système de points $m\ m'\ m''$... agissant les uns sur les autres, est égale à la demi-somme du produit des masses par leurs potentiels. C'est la somme des travaux relatifs aux diverses masses du système. Ces travaux accumulés dans le système à l'état d'énergie, seront restitués lorsque les masses, rendues libres, s'écarteront indéfiniment dans le cas des forces répulsives, sous l'effet de leurs réactions mutuelles.

Par une extension du langage de la gravitation on a donné le nom de masse, de densité superficielle et cubique, aux charges et quantités d'agents, électrique, magnétique, lumineux, etc., répartis en divers centres et évalués par unité de surface et de volume.

C'est dans le vide absolu de champs semblables à celui que nous venons de définir, et sous la réciproque attraction de leurs masses, que Newton fit graviter les astres du ciel. Leibnitz, son disciple, essaya vainement de comprendre comment une force peut s'exercer entre deux êtres séparés par le vide indispensable à la complète liberté des mouvements célestes, il imagina de placer en l'essence des êtres une force incapable d'agir directement de l'un à l'autre de ces êtres, de ces monades. C'est à Dieu même qu'il confia le soin de relier ces forces multiples par le lien étrange de l'*harmonie préétablie*. « Dieu, dit-il, est l'unité primitive et la substance simple, originaire, dont toutes les monades créées sont des productions et naissent pour ainsi dire par des fulgurations continuelles de la divinité. » Cette perpétuelle intervention du Dieu qui calcule et proportionne les effets des forces qu'il a créées, *Deus calculat et fit mundus,* ne suffirait plus à sauver aujourd'hui le dynamisme de Newton et de Leibnitz, frappé mortellement par la chute des *émissions* lumineuses de Newton, par l'avènement des *ondulations* de Huyghens, de Young et de Fresnel.

Il ne nous est plus possible de concevoir l'existence de forces s'exerçant à distance, sans intermédiaire, il faut un lien matériel continu entre deux masses agissantes. La durée finie de la propagation indique du reste que ce lien existe, car si les corps agissaient à distance les uns sur les autres, l'effet de la force serait absolument instantané, la vitesse de la lumière serait infinie, selon l'opinion qu'en prête à Descartes, mais qui n'est cependant exprimée en aucun passage des *Principes de la philosophie*. Voici l'opinion exacte de Descartes :

« Je vous dis dernièrement (1) lorsque nous étions ensemble, non pas à la vérité que la lumière se mouvait en un instant, comme vous m'écrivez, mais (ce qu'à tort vous croyez la même chose) que du corps lumineux elle parvenait en un instant jusqu'à nos yeux ; et même j'ajoutai que je pensais savoir cela si certainement que si on pouvait me convaincre de fausseté là-dessus, j'étais tout prêt d'avouer que je ne savais rien du tout en philosophie. »

Son correspondant proposait une expérience qui n'est autre, en vérité, que celle de Fizeau pour mesurer la vitesse de la lumière. « Si quelqu'un portant de nuit un flambeau à la main et le faisant mouvoir, jette la vue sur un miroir éloigné de là d'un quart de lieue, il pourra très aisément remarquer s'il *sentira* le mouvement qui se fait en sa main auparavant que de le voir par le moyen du miroir. »

Descartes niait que cet intervalle *sensible* entre le mouvement du flambeau et sa vision dans le miroir égalât un battement d'artère. En le fixant même à une valeur égale à la vingt-quatrième partie de ce battement, il en déduisait par le calcul un retard absolument inadmissible dans l'observation des éclipses solaires. Ce retard, ajoutait Descartes, est certainement inférieur à une demi-minute.

Descartes se garde, on le voit, d'appliquer à la vitesse de la lumière l'épithète « infinie » qu'il réservait à Dieu. Le mot « en un instant » dont il se sert n'a rien d'absurbe en la bouche d'un savant de cette époque, un instant, un battement d'artère, une demi-minute ont cessé pour notre science si précise d'être des quantités infiniment petites, surtout lorsqu'on les applique à la mesure des vitesses de propagation (2).

(1) *Lettres de Descartes*, t. II, p. 139, édition Clerselier, imp. H. Legras et Ch. Angot, 1659.

(2) 300.000 kil. par seconde.

Ainsi donc, l'inadmissibilité du vide des espaces célestes où se transmet la lumière et la force, a frappé d'un coup mortel le *dynamisme* de Newton et de Leibnitz ; et l'on peut affirmer qu'à aucune époque, quelqu'hostile qu'elle lui eût été, le *mécanisme pur* de Descartes n'a subi le choc invincible d'une objection aussi grave et fondamentale. D'Alembert, qu'on ne saurait taxer de tendresse pour Descartes, écrivait au XVIIIe siècle :

« Ces tourbillons devenus aujourd'hui *ridicules*, on conviendra, j'ose le dire, qu'on ne pouvait alors imaginer mieux. Il n'y avait qu'une longue suite de phénomènes, de raisonnements et, par conséquent, une longue suite d'années, qui pût faire renoncer à une théorie si séduisante. Elle avait d'ailleurs l'avantage singulier de rendre raison de la gravitation des corps par la force centrifuge du tourbillon même, et je ne crains pas d'avancer que cette explication de la pesanteur est une des plus belles et des plus ingénieuses hypothèses que la philosophie ait jamais imaginées. »

En vérité, la suite des phénomènes des raisonnements et des années n'est venue par aucun argument nouveau confirmer ou détruire la conception de Descartes, accorder ou refuser à la force une existence distincte, indépendante du mouvement qu'elle produit, arrête ou modifie. Le tourbillon a toutefois cessé d'être *ridicule* et ses éléments apparaissent en tous les mouvements de la nature. Bien plus, il existe entre les formes géométriques d'un champ de force et d'un tourbillon de frappantes analogies que mettront en lumière les empreintes tracées par l'un et par l'autre sur diverses surfaces.

C'est d'abord le fantôme magnétique d'un aimant où Descartes reproduisit avec la limure de fer les lignes de force du champ magnétique, mais aussi la trajectoire des parties cannelées rentrant aux deux pôles de l'aimant sphérique et sortant à son écliptique. Ce double courant est la trace des anneaux tourbillons. Tous les mouvements tourbillonnaires projetés sur des plans donnent aussi bien l'image des champs de forces. C'est ainsi que Faye observa les traces des cyclones sur le sol dévasté par leur passage, que Zenger projeta sur un plateau la fine poussière précipitée dans un nuage de chlorhydrate d'ammodiaque par le tourbillon d'un effluve électrique. On peut imaginer deux tubes tourbillons de sens contraire, pour représenter le champ magnétique des deux pôles d'un aimant, les effluves se composeront et donneront lieu à un double mouvement hélicoïdal. Bien plus, les deux axes des tourbillons de sens contraires peuvent se rapprocher indéfiniment et se confondre, et l'on observera dans l'image des trajectoires un réseau formé de lignes courbes également inclinées sur l'axe en tous les points d'un même parallèle.

En résumé, certains mouvements de nature notoirement tourbillonnaires, fournissent des empreintes identiques à l'image des champs de forces newtoniennes. Nous allons étudier quelques-unes de ces manifestations tourbillonnaires se rattachant à diverses branches de la physique, de l'astronomie et des autres sciences.

§ VII

Écoulement tourbillonnaire des corps solides, liquides et gazeux, rupture des métaux et des gaz

Le régime permanent des écoulements et débits fondé sur l'hypothèse de filets parallèles et indépendants, traversant normalement et avec la même vitesse des sections planes soumises à la même pression, a fait longtemps la base des études hydrodynamiques et moléculaires. En appliquant à cette hypothèse trop évidemment fausse les principes certains de la mécanique, on est arrivé à exprimer, fort grossièrement à la vérité, le débit des liquides à travers les orifices, mais les écoulements des gaz et de la vapeur sont affectés d'une telle erreur que pour établir les formules du débit réel, plusieurs savants, tels que Résal, ont pris le parti de se séparer nettement de la théorie et de revenir à l'empirisme pur. Le tourbillon de Descartes est seul capable de faire la lumière sur ces phénomènes, si imparfaitement définis jusqu'à ce jour.

Écoulement des solides. Tresca fit le premier écouler à froid, sous de fortes pressions, des métaux tels que le plomb, et d'autres corps solides tels que la glace. L'écoulement de la glace à travers les orifices se complique d'un phénomène de surfusion et de soudure, mais les sections faites dans le jet des métaux y révèlent l'arrangement moléculaire d'un tourbillon ou d'un champ.

M. le commandant Hartmann (1) est l'auteur de recherches fort intéressantes sur la distribution des déformations dans les métaux soumis à des efforts supérieurs à leur limite élastique. Ces déformations ne se propagent pas progressivement d'un point au suivant, elles se divisent en zones de *glissement* régulièrement distribuées, et dont les traces sur les surfaces libres sont des lignes droites ou courbes, également espacées, ces zones sont séparées les unes des autres par des régions non déformées.

Sur les faces planes d'un barreau rectangulaire, sur la surface d'un cylindre plein, soumis à des efforts de traction ou de compression, ces zones affectent la disposition de deux systèmes de droites équidistantes, ou de deux réseaux hélicoïdaux conjugués, inclinés sur l'arête du barreau, sur la génératrice du cylindre, d'angles toujours supérieurs à 45°, mais dont la valeur variable dépend uniquement de la nature du métal et caractérise ce métal.

Dans la section droite d'un cylindre creux ou d'une frette de canon B soumis à une pression centrale intérieure, à la surface d'une plaque emboutie par un choc central C, ou perforée par un projectile A, ces traces des zones de déformation sont deux réseaux de spirales logarithmiques ayant pour pôle l'axe du cylindre ou le centre de la percus-

(1) *C. R. Ac. des Sciences*, t. CXVIII, p. 520 et 738. L'Académie des Sciences vient de décerner un prix de Mécanique (Montyon) à l'auteur de ces travaux, t. CXXXV, p. 1167.

sion. Ces spirales font avec le rayon polaire le même angle caractéristique du métal. La force de percussion, la vitesse du projectile qui traverse, n'interviennent que pour réduire l'étendue de la région déformée quand la vitesse s'accroît (1).

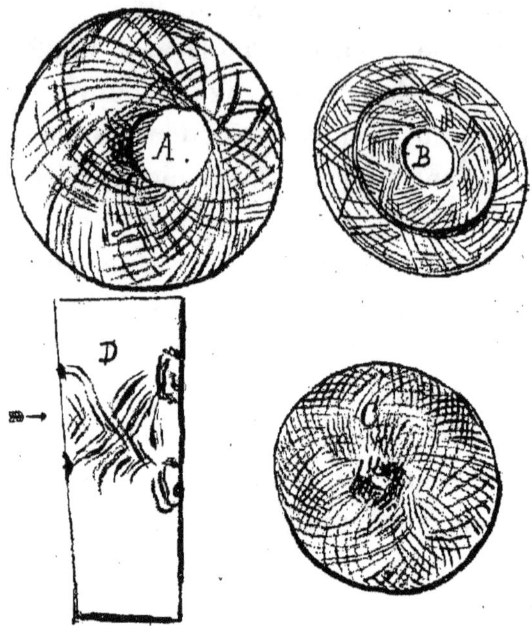

Fig. 3. — *A* Plaque perforée par une balle de fusil ayant 400 m. de vitesse au choc.
B Rondelle de canon fretté de 90 $^m/^m$ après mandrinage.
C Plaque appuyée sur son pourtour et emboutie en son centre.
D Barreau de flexion avec un intervalle de 3 c^m entre les appuis.

A mesure que l'effort croît, les lignes déjà formées augmentent de largeur et donnent lieu à une striction élémentaire. En même temps, il se développe en d'autres régions de nouvelles lignes intermédiaires parallèles aux premières ; quand on arrive à l'effort maximum, la striction se forme dans la région qui contient le plus de lignes de déformation, elle est constituée par la juxtaposition de ces lignes.

(1) La zone de dislocation d'une cuirasse de navire est d'autant plus étendue qu'à force vive égale le projectile est plus lourd et moins rapide. Il est évident que le choc, supposé appliqué en un point, se propagera à une distance proportionnelle à sa durée et égale au produit de la vitesse de propagation du son dans le métal par la durée : $U_s t$. Toutefois, cette propagation se fait probablement suivant la direction spiraloïde des lignes de forces. S'il en est ainsi, le rayon du cercle de la région déformée sera inférieur au produit $U_s t$.

Rupture d'un barreau. La rupture est due, lorsque le métal est homogène, à une diminution de la section droite du barreau et non de la résistance du métal. M. Hartmann le montre en faisant repasser le cylindre au tour, après chaque forte traction, aussi rapprochée que possible de la limite de rupture. Les parties dont le diamètre avait été affaibli par une traction précédente forment alors saillie, la surface de rupture se prépare sur d'autres parallèles. Quand tous les parallèles ont donné lieu à un col de rupture, on trouve que la résistance du métal à la rupture, par unité de surface, a augmenté d'une façon notable.

C'est par un polissage suivi d'une attaque à l'acide, ou d'un recuit, que l'on fait apparaître, en creux ou en bleu sur blanc, ces curieux arrangements moléculaires que M. Osmond (1) rattache aux études de M. Carus Vilson (2) sur la transmission vibratoire des forces, que je n'hésite pas à conférer ici à mes propres travaux sur l'écoulement tourbillonnaire des fluides.

Écoulement des liquides. La surface d'un jet liquide présente également un double réseau hélicoïdal dont l'inclinaison ne dépend ni de la densité ni de la vitesse du liquide qui s'écoule, mais simplement de la forme de l'orifice. Cette inclinaison, maxima dans les orifices percés en minces parois dont le débit a pour coefficient 0,70, devient nulle pour les orifices terminés par un col cylindrique dont le débit correspond à la loi *adiabatique*, dans le cas des gaz, et a pour coefficient l'unité. Elle reprend une certaine valeur pour les orifices convergents coniques dont le plus favorable, celui de demi-angle 13°, a pour coefficient 1,0373, valeur de la surface sphérique construite du sommet du cône de 13° sur la tranche circulaire de l'orifice.

L'onde de sortie des trois orifices semble ainsi changer le

---

(1) *C. R. Ac. des Sciences*, t. CXVIII, pp. 650 et 807.
(2) *Philosophical Magasin*, février et juin 1890, pp 200 et 503 ; *Proc. of the Roy soc.*, t. XLIX, p. 243.

sens de sa courbure dont le centre va de l'amont à l'aval de l'orifice, quand le coefficient m du débit croît de 0,70 à 1,0373, en passant par l'infini pour la valeur $m = 1$ qui correspond à

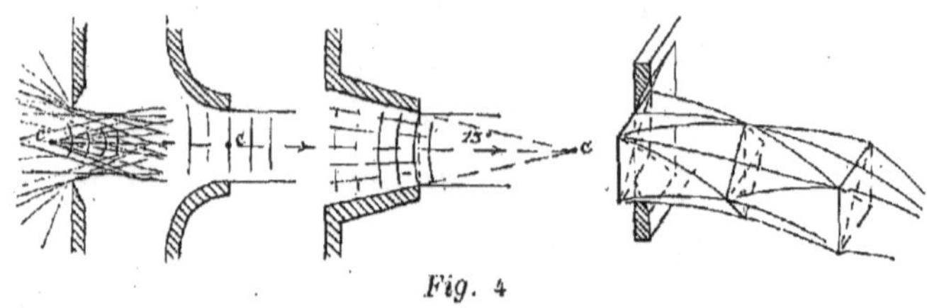

Fig. 4

une onde plane occupant le col de l'orifice adiabatiquement convergent. Pour rendre plus visible la double rotation tourbillonnaire du jet, on peut recourir à des orifices irréguliers. L'orifice carré donne à quelque distance sur le jet une série d'interversions de la figure et la diagonale du carré est successivement verticale et inclinée à 45°. Dans les intervalles, on distingue fort nettement les stries. On peut encore projeter le jet d'un orifice convergent sur un disque normal à son axe d'un diamètre égal à la section. On voit alors la nappe s'épanouir et prendre grossièrement la forme paraboloïdale. Les

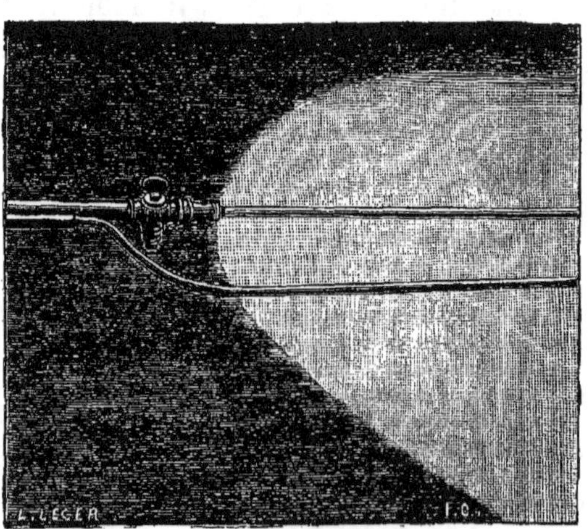

Fig. 5. — Jet d'eau paraboloïdal

réseaux hélicoïdaux scintillent, sous les rayons lumineux, sur cette lame infiniment mince que, pour de certaines vitesses, on peut amener à reconverger vers l'axe en forme de tulipe, et même à s'épanouir de nouveau après avoir rencontré cet

axe. Le jet de vapeur sous pression, issu d'un orifice, affecte
sensiblement la forme de ce singulier tourbillon.

ÉCOULEMENT DES GAZ PARFAITS ET DE LA VAPEUR D'EAU SOUS
PRESSION. La loi d'écoulement des gaz, sous une faible différence de charge, ne diffère pas sensiblement de la loi d'écoulement des liquides, le coefficient m de réduction du débit,
dans un même orifice, est identique pour les deux écoulements, ce qui indique que ce coefficient est bien une fonction
de la forme des orifices et non de la nature des fluides qui

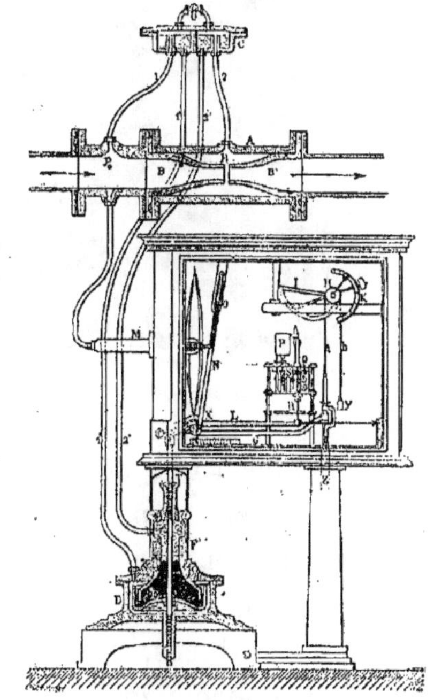

s'écoulent. Pour de hautes pertes de charges,
les lois se différencient fort notablement. Tandis que le débit des liquides est représenté
graphiquement par l'ordonnée d'une parabole
ayant pour sommet l'origine et pour abscisses

Fig. 6

les pertes de charges, le débit des gaz s'accroît fort régulièrement sur un quadrant d'el-
lipse dont il atteint le sommet
pour des valeurs d'abscisses,
c'est-à-dire de pertes de charges, variables avec la forme de
l'orifice. A partir de cette perte
de charge limite dont la valeur
pour un orifice de coefficient m
est

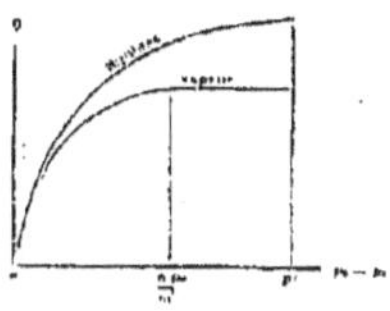

$$\text{P-P}_0 = (1-\tfrac{a}{m}) \, \text{P}_0 ; \ a = 0.473$$

le débit n'augmente plus, même
si on augmente la perte de
charge en faisant un vide absolu à l'aval de l'orifice. Le
débit maximum ou débit limite est alors représenté par
une tangente horizontale au

Fig. 7. — Compteur de vapeur
de M. Parenty

sommet de l'ellipse qui limite le premier quadrant (1).

(1) *Annales de Chimie et Physique*, 7ᵉ série, t. VIII, mai 1896 ; *C. R.
Ac. des Sciences*, t. CXIII, pp. 184, 493, 594, 790.

— 114 —

Cette loi de l'écoulement des gaz parfaits, sous une forte perte de charge, s'applique exactement à la vapeur d'eau sous pression, ainsi que je l'ai montré par de nombreux travaux, mais je dois ici me borner surtout à mettre en évidence la forme tourbillonnaire des jets de gaz et de vapeur.

En plaçant divers orifices de petites dimensions sur une

Fig. 8. — Jet convergent de vapeur visible.

tubulure adaptée à une chaudière sous pression, au-dessous du niveau de l'eau, on obtient un jet de vapeur visible, observé avant moi par MM. Sauvage et Pulin (1). J'ai photographié moi-même la forme de jets de vapeur visible, à travers deux orifices, contracté et convergent, et j'ai observé 1° que la forme extérieure des jets de vapeur affecte précisément la forme du jet d'eau paraboloïdal que j'ai décrit plus haut ; 2° que toutes choses égales d'ailleurs, ce paraboloïde est d'autant plus divergent que l'orifice est plus contracté.

(1) *Annales des Mines*, 5° série, t. II, p. 192.

De ces deux observations, la première indique que le jet de vapeur visible pourrait, tout aussi bien que le jet d'eau paraboloïdal qui lui sert d'image, être un cyclone présentant un vide central, un œil ; la seconde prouve que la contraction d'un orifice en minces parois a pour effet d'incliner davantage vers le plan de l'orifice les filets hélicoïdaux qui limitent le jet.

Fig. 9. — Jet contracté de vapeur visible.

Cependant, comme la forme paraboloïdale du jet de vapeur visible a pu être attribuée à une explosion de l'eau de la chaudière (1) au moment du passage à la tranche de l'orifice, comme d'ailleurs son opacité nous cache sa constitution interne, je me suis proposé l'étude plus générale d'un jet de vapeur invisible. J'ai sondé méthodiquement les divers points de ce jet de vapeur au moyen de petites pipettes ou sondes de cristal convenablement effilées et recourbées. Ces pipettes

(1) C'est l'explication de MM. Sauvage et Pulin.

sont fixées sur un chariot de tour qui permet de leur donner avec précision des déplacements très faibles, enfin elles communiquent par un tube horizontal flexible avec un manomètre mercuriel à air libre, gradué du vide absolu à 4 atmosphères.

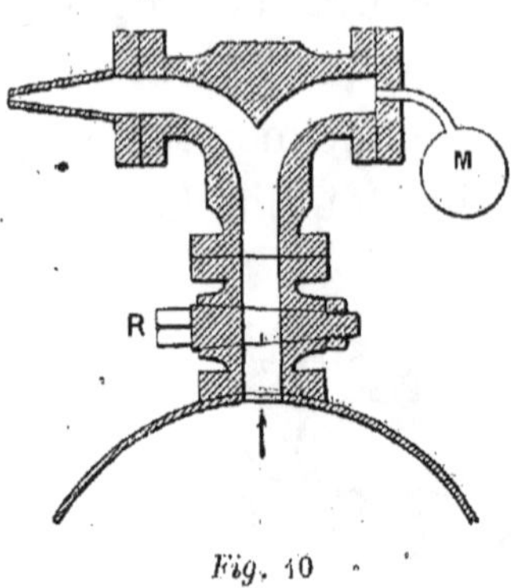

Fig. 10

Il était évident à priori qu'en faisant tourner une sonde dans tous les azimuts autour de sa pointe, toutes les pressions de mouvement ainsi obtenus auraient des valeurs dif-

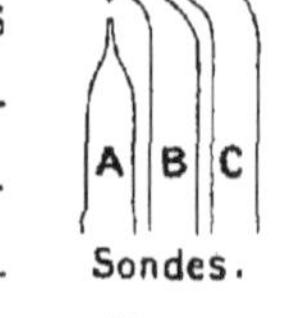

Fig. 11

férentes, la plus grande pression vive est la différence la plus grande de deux pressions correspondant à la même direction qui est la direction du mouvement réel de translation. Cette pression vive n'est

Fig. 12

d'ailleurs égale à la pression réelle interne que dans le cas où les masses d'une même trajectoire acquerraient pendant un temps fini un régime uniforme sans changer de volume. Mes expériences démontrent que cet état d'équilibre se produit en ce point précis du jet où la vitesse de translation est égale à celle de la propagation des vibrations infiniment petites.

En déterminant ainsi la pression vive de tous les points du jet, j'ai pu en révéler la structure intérieure, c'est un cyclone dont les nappes concentriques sont disposées ainsi qu'il suit :

Dans l'axe du jet, c'est-à-dire dans l'œil du cyclone, j'ai constaté la présence de trois ventres (1) et de trois nœuds de mouvement, dont la position et la vitesse dépendent 1° du rapport de la pression de la chaudière à la pression du milieu, 2° de la forme des orifices. Pour une même pression P_0, la stagnation du premier ventre croît avec m, pour un même orifice et une même valeur de m, elle croît avec la pression P_0, mais en même temps les concamérations suivantes s'atténuent, la dépression, et par suite la stagnation axiale, devient continue, enfin le jet gazeux, privé de ses interférences axiales, tend vers l'apparence grossièrement paraboloïdale de la nappe résultant du choc d'un jet liquide sur un disque plan.

En dehors de l'axe, le jet de vapeur convergent et continu pour tous les orifices à de faibles débits commence à diverger en nappe, et cela sans la moindre apparence de condensation, à partir du moment où le rapport de la pression du milieu d'aval à la pression de la chaudière s'est abaissé suffisamment pour assurer la régularisation du débit. C'est alors une sorte de gourde dont le fond repose sur la tranche de l'orifice, dont les cols extérieurs précèdent les nœuds de l'axe, dont les ovales intérieurs en entourent les ventres. Enfin, il

---

(1) Jusqu'à la distance axiale de 22^{mm} de l'orifice j'ai pu constater 3 ventres et 3 nœuds pour les pressions comprises entre 3,50 et 4 atm. ; pour 2 atm. 50 j'en ai déterminé 4 ; pour 2 atm., 0. Ces interférences équidistantes s'écartent quand la pression augmente. (Voir tableau IV, p. 316, *Ann. de Chimie et Physique*, nov. 1897).

est très important de constater que sa pression vive continue, évaluée parallèlement à l'axe, est une fonction du coefficient m de l'orifice et qu'elle a pour valeur numérique celle de la

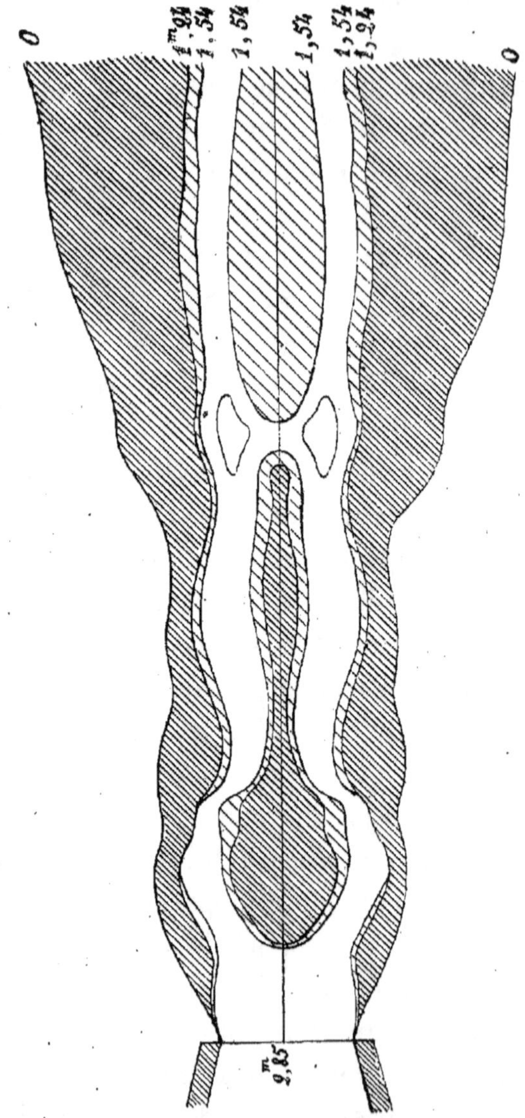

Fig. 13. — Jet convergent.

contrepression limite P_l calculée par la formule elliptique du débit, dont elle assure le maximum,

$$P_l = \left(1 - \frac{a}{m}\right) P_0 \; ; \; a = 0,475.$$

En vérité, cette variation de la pression limite correspon-

dant à divers orifices, alors que la pression limite qui nous
est fournie par les théories de la thermodynamique est absolument définie et égale à $P_l = 0,525 \, P_o$, prouve que cette

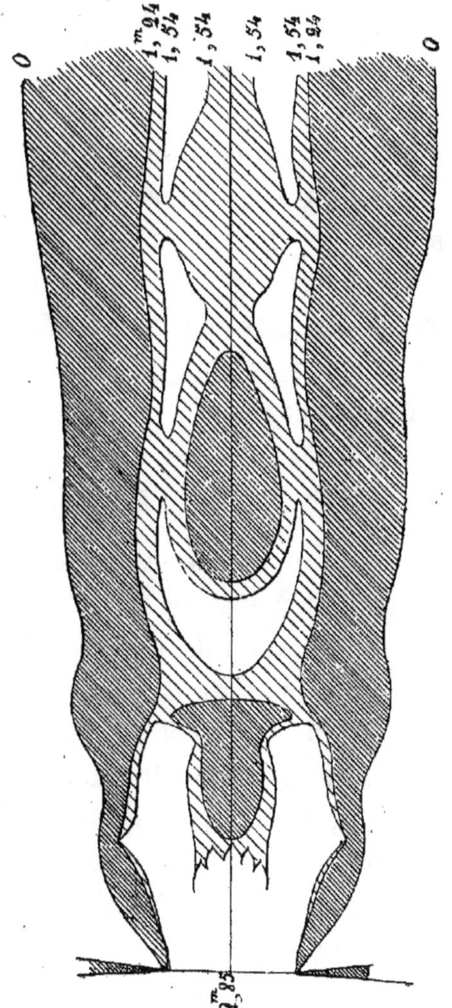

Fig. 14. — Jet contracté.

pression théorique définie ne doit pas être atteinte dans la
direction du méridien, mais bien sur deux spires hélicoïdales
également inclinées sur la direction de ce méridien, analogues
à celles que M. Hartmann a révélées sur les cylindres de
métal soumis à un effort de traction ou de compression.

Ainsi donc, la réduction de la vitesse des jets limites divergents peut être attribuée tout simplement à l'inclinaison des trajectoires suivies sur chacune des nappes du tourbillon, inclinaison qui est absolument indépendante de la pression et de la densité des fluides qui s'écoulent, qui est la même pour les liquides et pour les gaz et qui ne dépend absolument que de la forme des orifices. Rappelons-nous que dans les expériences de M. Hartmann cette inclinaison ne dépend ni de la valeur de l'effort ni de son instantanéité, mais simplement de l'orientation moléculaire caractéristique de chacun des métaux. L'orifice d'un jet a donc pour effet d'orienter la matière liquide et la matière gazeuse dans le mouvement, de lui donner pour ainsi dire une constitution moléculaire analogue à celle des corps solides orientés ou cristallisés, mais là ne s'arrête pas l'analogie.

Rupture des métaux et des gaz

M. Hartmann a montré qu'une traction dépassant la limite d'élasticité des métaux, bien loin de les affaiblir, augmente leur résistance par l'orientation de leurs molécules, si bien que dans un cylindre qu'on a remis sur le tour après une première traction, la région où le col de rupture commençait à se dessiner devient la plus solide. Hors donc le cas d'affaiblissement de la section, les métaux homogènes ne se rompent qu'après un effort limite capable de leur donner une orientation parfaite. A ce moment les lignes parallèles de déformation ont envahi les zones non déformées et pénétré la masse entière du métal. Ce régime d'équilibre qui précède la rupture définitive ou plutôt la striction, et dont on a pu vérifier, paraît-il, le moment par une variation brusque de la résistance du barreau au passage d'un courant électrique, présente son homologue dans le régime limite de la nappe d'un jet de vapeur (1).

M. Boussinesq en étudiant les conditions de rupture d'une

____

(1) Le cisaillement qui amène la rupture est ici accompagné d'un frottement moléculaire.

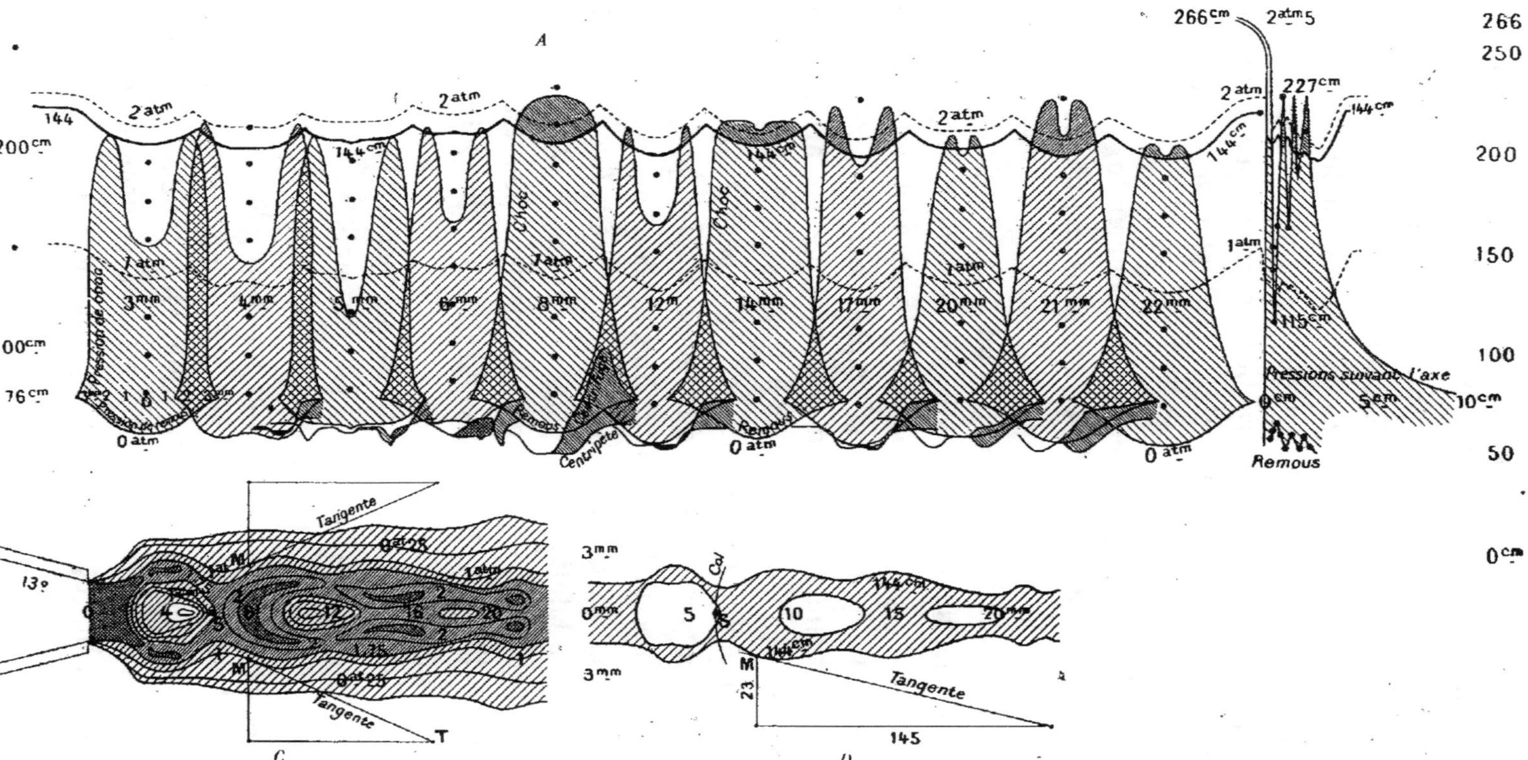

Fig. 15. — Pressions vives du jet à 2,5 atm. d'une tuyère conique à 13° $m = 1.0373$. $d = 3$ $^{m}/_{m}$.

Courbe des pressions vives parallèles et normales à l'axe, sur les diamètres des parallèles situés à 3, 4, 5, 6, 8, 12, 14, 17, 20, 21 et 22 $^{m}/_{m}$ de l'orifice. Courbe des pressions axiales, long. d'onde $\lambda = 7$ $^{m}/_{m}$.

C Tracé orographique des nappes.
D Nappe limite à 144°/" pression vive de choc.

barre solide heurtée longitudinalement avec extension par un corps massif assez étendu pour communiquer sa propre vitesse U au tronçon heurté, a montré que cette vitesse doit être égale au produit de la vitesse de propagation du son U_s dans le corps, par la plus grande dilatation linéaire qu'il puisse prendre sans se rompre ou plutôt sans éprouver de striction, c'est-à-dire de contraction transversale. Cette dilatation pour un métal est égale à la dilatation permanente des plages de déformation.

$$U = U_s \frac{dl}{l} \quad (l \text{ longueur prise pour unité})$$

J'observerai que la formule de M. Boussinesq est évidente à priori. Il est clair que quel que soit l'effort de traction brusquement appliqué à un parallèle d'une barre supposée indéfinie, le déplacement pendant l'unité de temps, c'est-à-dire en définitive la vitesse du parallèle, sera égal à l'allongement effectif de la barre sous l'empire de l'effort considéré. Or, cet allongement lui-même se propage en arrière du parallèle et pendant l'unité de temps à une distance qu'on appelle, par définition, la vitesse de propagation, et qu'il faut multiplier pour avoir l'allongement total par la dilatation réelle que l'effort peut donner à l'unité de longueur.

Il y aura rupture quand cette dilatation réelle due à l'effort dépassera la dilatation des plages orientés, c'est-à-dire la plus grande dilatation que le métal considéré puisse prendre sans donner lieu au phénomène de striction élémentaire qui précède la rupture.

FORMULE ÉLÉMENTAIRE. Pour me rapprocher ici des formules connues de la théorie des gaz, je dois établir une relation entre les éléments infinitésimaux de la vitesse et de la dilatation du barreau. En tout état de cause, la vitesse quelconque instantanément imprimée à la section extrême d'un barreau indéfini soumis à la traction, est identique à l'allongement d'une longueur de ce barreau numériquement égale à la vitesse du son. U_s est ici un rapport entre la vitesse et la

(1) *C. R. Ac. des Sciences*, t. CXIII, p. 493.

dilatation, un nombre constant pour chaque métal. Mais alors l'élément dU de la vitesse supposée variable sera dans le même rapport U_s avec l'élément de la dilatation produite pendant le même temps dt, et l'on aura :

$$dU = U_s \frac{dl}{l}$$

et comme par hypothèse la croissance de ces deux grandeurs est réglée par la condition de ne pas donner de striction, c'est-à-dire de contraction latérale, la dilatation linéaire élémentaire est égale à la dilatation cubique, car, la base demeurant constante, le volume du cylindre s'accroît proportionnellement à sa hauteur, on a donc en appelant v le volume spécifique

$$dU = U_s \frac{dv}{v}$$

qui suppose pour chaque métal une relation expérimentale entre U et v ou encore entre v et la force de traction R qui correspond ici à la pression p des gaz.

Une condition identique détermine l'établissement du régime limite des jets gazeux. J'ai établi, en effet, que l'accroissement de vitesse du gaz sur sa trajectoire au point précis où commence à s'établir le régime permanent limite est

$$dU = U_s \frac{dv}{v}$$

ou U_s est la vitesse du son correspondant à la température du jet en ce point et $\frac{dv}{v}$ sa dilatation cubique élémentaire qui est égale à la dilatation linéai-re, en un col où l'expérience montre que la section normale du jet demeure invariable. Il y a donc une curieuse analogie entre la condition de rupture des corps solides et la condition d'établissement d'une nappe de vitesse limite invariable et égale à la vitesse du son qui se produit dans les jets de gaz et de

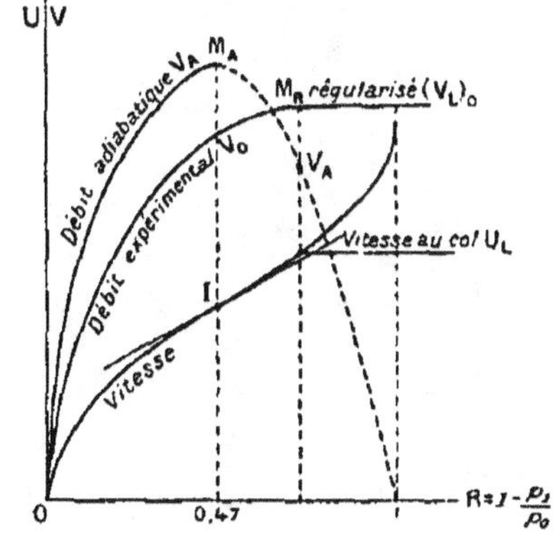

Fig. 16. — Courbes de débit et de vitesses en fonction des pressions.

vapeur. En ce point de la trajectoire des gaz où leur vitesse croissait régulièrement avec la diminution de leur pression

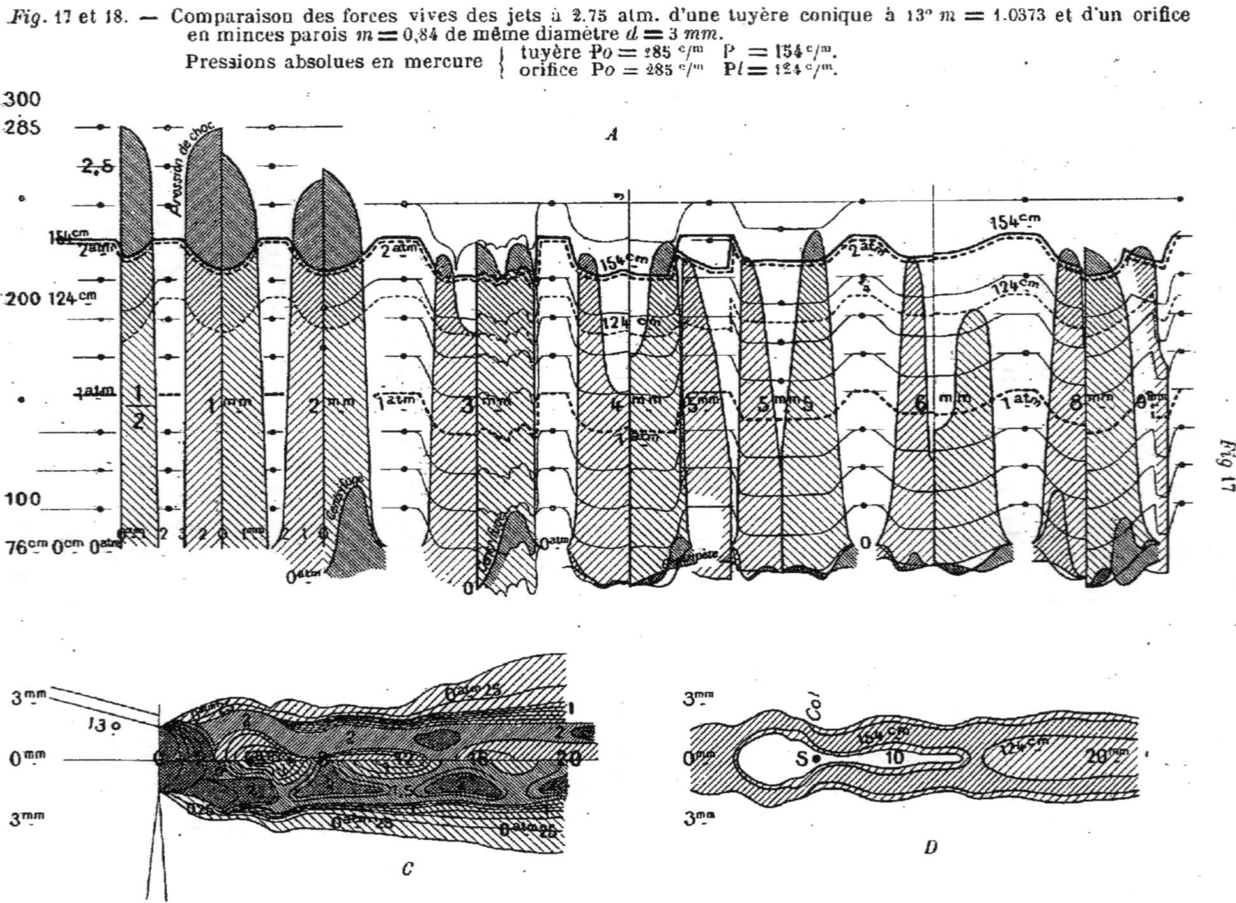

Fig. 17 et 18. — Comparaison des forces vives des jets à 2.75 atm. d'une tuyère conique à 13° $m = 1.0373$ et d'un orifice en minces parois $m = 0,84$ de même diamètre $d = 3\ mm$.

Pressions absolues en mercure { tuyère $Po = 285^{c/m}$ $P = 154^{c/m}$. orifice $Po = 285^{c/m}$ $Pl = 124^{c/m}$.

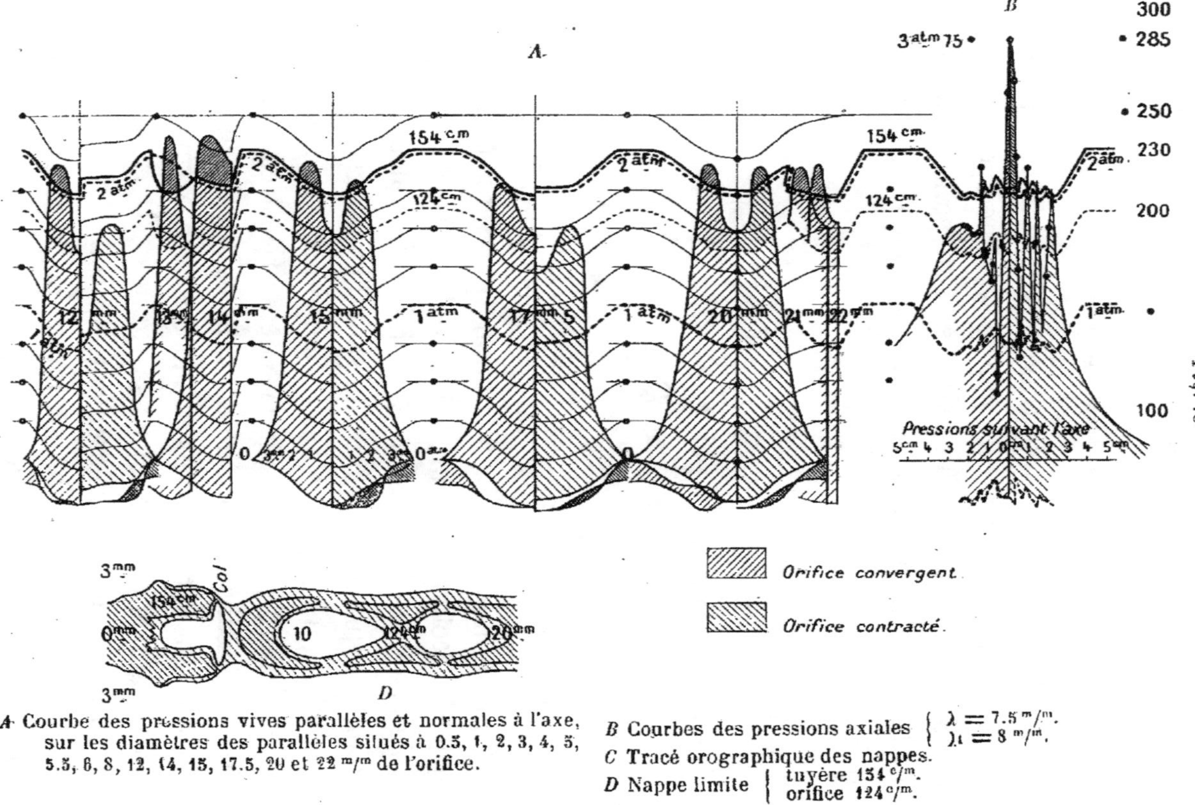

A. Courbe des pressions vives parallèles et normales à l'axe, sur les diamètres des parallèles situés à 0.5, 1, 2, 3, 4, 5, 5.5, 6, 8, 12, 14, 15, 17.5, 20 et 22 $^{m/m}$ de l'orifice.

B. Courbes des pressions axiales $\begin{cases} \lambda = 7.5\ ^{m/m}. \\ \lambda_1 = 8\ ^{m/m}. \end{cases}$

C. Tracé orographique des nappes.

D. Nappe limite $\begin{cases} \text{tuyère } 154\ ^{c/m}. \\ \text{orifice } 124\ ^{c/m}. \end{cases}$

comme il arrive en un point d'inflexion, cette vitesse fonction de pression cesse brusquement de croître. Pression, poids spécifiques, température, section et débit par unité de section subissent le même arrêt imprévu.

Striction des gaz et vapeurs

Appelons S la section variable traversée par le volume v de l'unité de masse, c'est-à-dire par le volume spécifique, avec une vitesse U variable. Quelle que soit l'hypothèse thermique sur les variations de la pression P et de la température T, on aura :

$$(1) \quad v = US$$

et en différenciant

$$(2) \quad dv = UdS + SdU$$

divisons membre à membre 2 par 1

$$\frac{dv}{v} = \frac{dU}{U} + \frac{dS}{S}$$

ce qu'on peut écrire

$$(3) \quad \frac{dU}{U} = \frac{dv}{v} - \frac{dS}{S}$$

le taux d'accroissement de la vitesse est donc égal à la dilatation cubique diminuée de la dilatation transversale. Mais au col du jet la section demeure invariable et sa dilatation passe du signe — au signe + en franchissant la valeur O.

A ce moment précis, en introduisant l'hypothèse d'une variation adiabatique des pressions et températures du fluide, on arrive aisément à prouver que la vitesse U est égale à la vitesse du son. L'absence limite de composantes transversales de la dilatation d'un corps solide ou gazeux soumis à un effort, caractérise le moment de sa rupture. Il se produit alors une striction, un rétrécissement, un col.

J'ai montré que cette limite commune de la *rupture* ou pour mieux dire de l'*orientation élémentaire* parfaite des solides et des gaz, bien loin de créer un rapprochement ridicule entre les natures, *cohérente* et *expansive* des deux matières, marquait fort nettement leur démarcation.

Avant le point de rupture du jet, le taux d'accroissement $\frac{dU}{U}$ de la vitesse est supérieur à la dilatation $\frac{dv}{v}$. Il en résulte

une traction de chaque masse gazeuse dans le sens de sa trajectoire, une diminution de la section droite de la nappe qui
présenterait un minimum, un col. Après le point de rupture,
c'est-à-dire à partir de ce col, le taux d'accroissement de la
vitesse deviendrait inférieur à la dilatation, il en devrait
résulter un refoulement de chaque masse gazeuse dans la
direction de sa trajectoire, et une augmentation de la section
droite de la nappe. Il y aurait dans la direction du mouvement rassemblement et cohésion.

Cette cohésion commence à se manifester pour les gaz au
point même où elle disparaît pour les solides. La régularisation avérée de la nappe à partir du col de rupture, montre
que ce phénomène de cohésion s'arrête à la limite. A ce moment, la vitesse de translation est précisément égale à la
vitesse de propagation ou vitesse du son, elle conserve cette
valeur limite, sauf bien entendu le cas d'un choc qui vien-
drait à se produire contre une autre masse concourante. Ce
choc détermine naturellement une augmentation momentanée de la pression vive qui reprend bientôt après sa valeur
limite. Tel est le mécanisme des nœuds.

Le premier ventre naît des causes suivantes. Le fluide sort
de l'orifice suivant des trajectoires plus ou moins convergentes et vient rebondir sur un centre placé en aval. Cette
première divergence étant admise et d'ailleurs expérimentalement constatée, la nappe entraîne par son frottement les
masses gazeuses qui la touchent intérieurement, produisant
ainsi une raréfaction de matière. La pression de l'atmosphère
indéfinie d'aval tend dès lors à refouler vers l'axe cette paroi
souple et imperméable, et cette compression extérieure s'exerçant sur les masses en mouvement, donne à leur trajectoire
une courbure extérieurement convexe, et les force à con-
verger une seconde puis une troisième fois sur l'axe du jet.

On peut, sans modifier la valeur du débit limite d'un orifice,
raréfier progressivement l'atmosphère d'aval et même y faire
le vide absolu, les concamérations du jet persistent encore,
ainsi que l'a montré le Dr Emden, mais elles disparaissent

à une distance de plus en plus rapprochée de l'orifice par une diffusion plus rapide de la nappe.

En résumé, sur de certains parallèles équidistants de la nappe du jet limite, où nos sondages ont révélé des ventres de pression vive, et où la dilatation des masses gazeuses est privée de composantes transversales, la vitesse de translation *rejaillit*, suivant l'expression de Descartes, sur l'infranchissable limite de la vitesse du son ou plutôt de la propagation des efforts. Et l'oscillation, l'onde qui résulte de ce *rejaillissement* de la vitesse et va en s'atténuant, en mourant, comme toutes les ondes, détermine des concamérations analogues dans le profil et la forme du jet, et caractérise le phénomène de la *rupture des gaz* (1).

« Et tout cela, dirait Descartes, n'émerveillera nullement ceux qui pensent avec moi que la « propagation de l'effort » est un mouvement de la matière des cieux contenue dans les corps et capable d'entraîner leur matière, et nul ne croira que la vitesse de la matière entraînée puisse jamais surpasser

---

(1) J'ai été le premier en 1886 et je suis peut-être encore le seul *en France* à professer cette rigoureuse limitation cartésienne de la vitesse que j'ai nommée *rupture des gaz*. Le membre de l'Académie des Sciences qui s'était chargé de présenter ma première note, fut devancé dans la même séance par une note d'Hugoniot sur le même sujet, et dut, avant l'insertion de ma communication, me prier de me mettre, s'il y avait lieu, d'accord avec ce savant. Cet accord ne se fit pas entièrement, car Hugoniot voulait : 1° que le débit augmentât constamment avec la perte de charge et ne se rapprochât qu'asymptotiquement de sa limite ; 2° que la vitesse continuât à croître après l'orifice. C'était nier le phénomène de discontinuité, de rupture que je voyais dans les résultats de Hirn.

Je prétendais moi-même : 1° que le débit cessait *absolument* de croître au sommet de son ellipse ; 2° que la vitesse des gaz au sortir de l'orifice limitait strictement et *brusquement* les vitesses du jet et représentait alors une fraction de la *vitesse moyenne cinétique*.

Cette vitesse moyenne cinétique est, on le sait, fonction de la température seule et ne diffère de la *vitesse du son* que par un facteur numérique. Hugoniot en fut frappé et, le 21 juillet 1886, il m'écrivit : « Le reste de ta note aurait, mais c'est là un avis tout personnel, gagné à être débarrassé des considérations relatives à la théorie cinétique. *Cela te fournit cependant l'occasion de faire une remarque curieuse et que je n'avais pas faite sur la vitesse de 315^m.* Il faudra que je m'assure s'il n'y a pas là une simple coïncidence.

RUPTURE DES GAZ

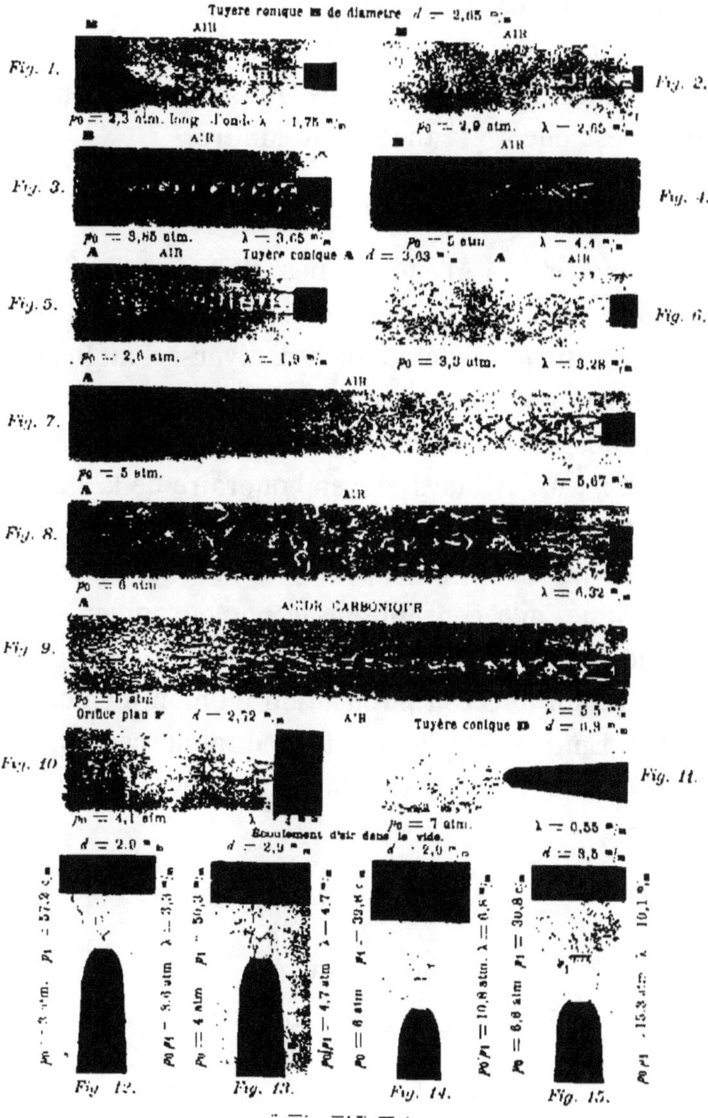

JETS DE GAZ du Docteur R. EMDEN
Photographiés à la lueur de l'étincelle d'induction.

celle de la matière qui entraîne, car ce serait mettre plus en l'effet que dans la cause. » Le *mouvement* perdu devient *agitation*, l'énergie propulsive se transforme en énergie vibratoire, c'est encore la théorie du Maître.

Expériences du Dr Robert Emden [1]

Mon mémoire à l'Académie des Sciences du 22 décembre 1894 fut publié en novembre 1897, dans les *Annales de Chimie et Physique*. J'y étudiais les diverses méthodes propres à confirmer et compléter les résultats fort inattendus de la méthode des sondages du jet de gaz ou de vapeur invisible, et j'écrivais : « M. Alluard, doyen honoraire de la Faculté des Sciences de Clermont, m'a conseillé de colorer ce jet au moyen d'une poussière impalpable, et M. le professeur Zenger, de Prague, m'a conseillé de le photographier à la lueur d'une étincelle d'induction. »

Moins d'un an après la publication de mon mémoire, M. le Dr Robert Emden entreprenait à Munich ces expériences photographiques. Il constatait dans l'axe du jet limite des gaz

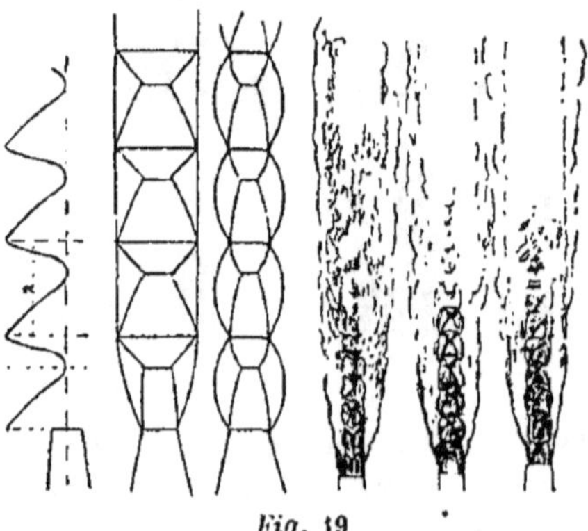

Fig. 19

parfaits une série de concamérations équidistantes dont l'intervalle λ croît avec la pression, comme je l'avais indiqué.

(1) Uber Die Ausströmungserscheinungen permanenter Gase. Leipzig Johann Ambrosius Barth, 1899 ; Druck von Metzger et Wittig in Leipsig. Thèse d'agrégation de la section universelle de l'Ecole royale technique supérieure de Munich, passée le 15 octobre 1898, par le docteur Robert Emden.

Cette *longueur d'onde* λ est d'après ses mesures l'ordonnée d'une parabole dont l'abscisse est la pression, dont le sommet est à 2 atm. environ, enfin dont le paramètre varie avec la forme et les dimensions de chaque orifice.

Le croquis 19 représente les schémas antérieurs de Mach et Salcher et les photographies du docteur Emden. Je remarquerai que chaque perle ou voussoir de ce jet rompu à des pressions de 5 à 6 atm., présente la disposition interne des surfaces de rupture d'un cylindre comprimé entre ses bases : à savoir deux troncs de cône accolés par leur petite base.

M. Robert Emden cite mon œuvre à la première page de son très intéressant mémoire (1) qui fournit une confirmation visible des résultats que j'avais obtenus moi-même par la méthode invisible des sondages (Voir planche 1).

Conclusion

Je terminais ainsi qu'il suit l'un des mémoires auxquels l'Académie des Sciences a daigné accorder. en 1896, le prix de Mécanique (Prix Montyon) :

« Cette orientation atropique (2) observée dans la déformation des corps solides et liquides par des efforts extérieurs, modifie profondément l'élasticité, la vitesse et le débit des jets gazeux. Elle a pour origine la compression ou la dilatation de la veine adiabatique isotrope par les ajutages *contractés* ou *ultraconvergents*, elle s'atténue dans les concamérations axiales et disparaît avec la vitesse. Elle éveille l'idée d'une vibration transversale des gaz, par la même déduction qui a permis aux physiciens de tirer des lois de leur transport isotrope une première image simplifiée de la propagation de leur vibration longitudinale.

» La régularisation du débit, de la vitesse et des autres grandeurs physiques des gaz en mouvement, nous donne la

---

(1) In neuester Zeit hat auch P a r e n t y , *Ann. de Chemie et de Phy-sique* (7) 12 p. 289, 1897, in Strahlen ausströmenden Dampfes periodische Dichteänderungen nachgewiesen.

(2) *Annales de Chimie et Physique*, 7e série, t. XII, nov. 1897, p. 373.

perception d'une limite imposée à leur *expansion* et comparable à la limite imposée à la *cohésion* des solides dans le phénomène de la rupture.

» Cet arrêt de l'expansion des gaz en mouvement limite également la valeur des grandes vitesses que nous nous efforçons de créer dans l'industrie et dans la balistique. Peut-être intervient-il dans le rassemblement de la matière cosmique des espaces, et donne-t-il à l'atmosphère des planètes, animées d'énormes vitesses, la résistance d'une cuirasse impénétrable au choc de milliers de corpuscules solides errants dans l'immensité. »

§ VIII

Sur la formation et la constitution des comètes

M. Zenger, en examinant, à l'exposition de Bruxelles, la structure de mes jets de vapeur, y a trouvé l'image des grands cyclones solaires. M. P. Stroobant, astronome à l'Observatoire royal de Bruxelles, y voit la représentation des comètes. Ces deux objets, après tout, pourraient être identiques si la comète était un jet gigantesque de la chaudière solaire, détachée par un accident quelconque de son brûlant orifice.

Si cette analogie existe véritablement, les jeunes comètes, celles qui reviennent frôler à leur périhélie la surface du Soleil, doivent encore présenter la singulière constitution du jet de vapeur, avec ses *nœuds* et ses *ventres* alternant et disposés sur l'axe. En admettant même que ce tourbillon météorique ne soit pas un transport de matière, mais un effluve électrique, il me paraît intéressant de signaler, après Tisserand, cette curieuse apparence des comètes neuves et le mécanisme de segmentation de ces astres appelés à engendrer ainsi de nouvelles comètes périodiques.

« *Sur les noyaux de la grande comète II de 1882.* Décou-
» verte dans les premiers jours de septembre, cette magni-

» fique comète devint bientôt visible en plein jour à l'œil
» nu, près du Soleil. Elle est remarquable par sa très petite
» distance périhélie (un peu moins d'une fois $\frac{1}{2}$ le rayon du
» Soleil) qui la rapproche des grandes comètes de 1843 et
» 1880, avec lesquelles son orbite présente d'ailleurs d'autres
» points de ressemblance. Mais je veux m'occuper ici surtout
» des curieuses apparences qu'a présentées son noyau. Rond
» et très petit dans le voisinage du périhélie quand les astro-
» nomes du Cap le voient en contact avec le disque du Soleil,
» il s'allonge dès le 22 septembre ; le 30, Finlay y distingue
» deux points plus brillants. Plus tard, on en compte jusqu'à
» cinq, qui resteront toujours rangés en ligne droite. Ainsi
» dans la tête de la comète la matière n'est pas distribuée
» d'une manière uniforme ; il existe plusieurs centres de con-
» densation, avec des diamètres apparents de 1″ ou 2″. Leurs
» distances mutuelles changent avec le temps, mais ces
» noyaux partiels demeurent constamment sur une même
» droite qui tourne progressivement autour du noyau prin-
» cipal.

» Il y a là des conditions spéciales pour le développement
» des noyaux secondaires. En faisant abstraction des attrac-
» tions mutuelles qui sont certainement très petites, et con-
» sidérant les divers noyaux comme de petites comètes sou-
» mises seulement à l'attraction du Soleil, se mouvant sur
» des ellipses fort allongées, ayant un même périhélie où
» elles passent presque en même temps, et des grands axes
» différents mais dirigés suivant la même droite. Près du
» périhélie les mobiles sont assez rapprochés et enveloppés
» par une nébuleuse assez dense ; on ne voit que l'ensemble
» sans pouvoir distinguer les détails. Cela devient possible
» plus tard quand les centres de la condensation se sont
» séparés de quantité notable, et que le reste de la nébulosité
» s'est affaibli en se répandant sur une surface plus étendue.

» La grande comète de 1882 portait donc en elle des
» germes profonds de division. A quelle cause les attribuer ?
» La réponse n'est pas facile à donner. Il est impossible

» cependant de ne pas penser à la très petite distance à
» laquelle la comète a passé du Soleil, et à la vitesse énorme
» qu'elle possédait. La variation minime d'excentricité néces-
» saire pour la séparer peut être produite par des actions
» intérieures, chocs, attractions mutuelles, explosions pro-
» venant d'un développement excessif de chaleur, rotation
» du noyau, etc..... » (1).

Et Tisserand attribue à cette segmentation la formation de nouvelles comètes périodiques. Les comètes de 1843, 1880 et 1882 présentent de grands points de ressemblances, elles ne diffèrent que par leur excentricité qui leur occasionne des révolutions très différentes (533 ans et 37 ans).

La comète de 1880 pourrait être un fragment de celle de 1843, ce qui expliquerait qu'on n'ait pu aboutir dans la recherche de ses apparitions antérieures. A la vérité on n'a pas aperçu de fragments dans la comète de 1843, mais le noyau présentait des scintillements et il y eut une queue secondaire qui finit par surpasser la queue principale et par s'en détacher complètement.

Nous retrouvons ici l'étrange succession des cyclones et anticyclones d'un jet qui, traversant les nappes cartésiennes du tourbillon solaire, se trouverait dilaté, cisaillé, disloqué, par la raréfaction et la vitesse différentes de ces nappes, entre lesquelles ses fragments pourront même acquérir une rotation.

M. Deslandres (2) rattache les comètes, ainsi du reste que les protubérances et les rayons de la couronne solaire, à des émissions cathodiques se propageant dans le vide des espaces planétaires, normalement à la chromosphère et aux points les plus brillants de cette chromosphère qui sont les centres des taches et les facules. Ces rayons s'illuminent de la phospho-rescence de la matière cosmique, repoussent cette matière suivant la loi de Perrin, et cette répulsion proportionnelle

---

(1) Tisserand, *C. R. Ac. des Sciences*, t. CX, p. 209.
(2) *C. R. Ac. des Sciences*, t. CXXVI, p. 1284, 9 mai 1898.

aux surfaces parvient à équilibrer et à vaincre l'attraction solaire proportionnelle aux masses. Ces rayons cathodiques emportent avec eux une charge négative, ils modifient donc le champ électromagnétique solaire et produisent les décharges des orages magnétiques, les aurores boréales et autres perturbations de notre atmosphère. Sous l'action attractive ou répulsive des anodes et des cathodes, action définie par M. Goldstein en 1880 (1), ils peuvent se diviser en multiples chevrons qui représentent des rayons de vibration électrique simple.

D'autres astres : Soleil, étoiles ou planètes, ne pourraient-ils également présenter le phénomène cométaire de queues ou protubérances ? Descartes le pensait ; après avoir expliqué par les mouvements de l'éther la formation de la queue des comètes, de ses incurvations et déviations en dehors de la direction du rayon solaire, de son dédoublement en « chevrons de feu », et je ne pense pas, ajoute-t-il, « que l'on ait jamais fait aucune observation touchant les comètes, laquelle ne doive point être prise pour fable ni miracle, dont la raison n'ait été ici expliquée. Si la disposition de tous les tourbillons pouvait être comprise par l'entendement humain, on pourrait prédire les comètes aussi certainement que les éclipses de lune (2).

» Mais on peut proposer encore une difficulté, savoir pourquoi il ne paraît point de chevelure autour des étoiles fixes ni aussi autour des plus hautes planètes, Saturne et Jupiter, en même façon qu'autour des comètes. La raison est que les étoiles sont beaucoup trop éloignées pour que l'on aperçoive cette chevelure qui devrait du reste être disposée dans tous les sens autour d'elles comme pour les comètes appelées roses. » Pour ce qui est de Jupiter et de Saturne, cette queue existe certainement, et Descartes ne doute pas qu'on ne puisse l'apercevoir dans les pays où l'air est fort clair et fort pur.

(1) *Eine neueform electrischer abstossung*, 1880.
(2) *Lettres*, t. II, p. 87.

« Je me souviens, dit-il, d'avoir lu quelque part que cela a
» été autrefois observé, bien que je ne me souvienne point
» du nom de l'auteur, outre que ce que dit Aristote au pre-
» mier chapitre des Météores, chap. vi, que les Egyptiens
» ont quelquefois aperçu de telles chevelures autour des
» étoiles, dont je crois *plutôt être entendu de ces planètes que*
» *non pas des étoiles fixes* ; et quand à ce qu'il dit avoir vu
» lui-même une chevelure autour de l'une des étoiles qui
» sont en la Cuisse du Chien, cela doit être arrivé par quelque
» réfraction extraordinaire qui se faisait en l'air, ou plutôt
» par quelqu'indisposition qui était en ses yeux, car il ajoute
» que cette chevelure paraissait d'autant moins qu'il la regar-
» dait plus fixement. »

§ IX

Les tourbillons dans les sciences physiques

L'agitation lumineuse d'un foyer ne peut échapper à la
définition donnée par Cauchy du mouvement tourbillonnaire, car cette agitation n'est certainement pas dépourvue
de rotation. Et dans cette hypothèse, il apparaît évidemment
que les ondulations du rayon lumineux, imaginées par Huyghens et adoptées par Young et Fresnel, doivent être remplacées par des spirales de pas variables, régulièrement disposées autour de la direction de ce rayon. La réfraction, la
polarisation et toutes les qualités de la lumière naturelle ou
décomposée se déduiraient aisément de cette fiction nouvelle.
En vérité, en dehors de certaines facilités de calcul et d'exposition, l'étude des champs de force lumineuse se rapproche
davantage de la réalité des phénomènes lumineux, et nous
avons vu que ces champs de force peuvent donner l'image
précise de mouvements tourbillonnaires.

La chaleur, l'actinisme, l'électricité, le magnétisme, toutes
les autres qualités des corps, manifestations de *la force,* peuvent
être ramenées à des mouvements élémentaires, et par suite à

des mouvements élémentaires tourbillonnaires puisqu'ils ne sont ni plans ni rectilignes.

Or la tendance scientifique n'est-elle pas de créer des analogies de jour en jour plus frappantes et plus nombreuses entre les diverses vibrations de la matière pesante et de l'éther, qui se produisent et se propagent suivant des lois absolument identiques et ne diffèrent en vérité que par leurs vitesses très différentes. C'est une gamme, un spectre continu dont nous ne connaissons certes pas les nuances infiniment variées. Mais les rayons cathodiques, actiniques, électriques, lumineux, calorifiques, se relient par une succession ininterrompue des valeurs d'ondes, ils empruntent la vitesse de propagation commune de l'éther, c'est-à-dire la vitesse de la lumière. Les vibrations sonores qui se propagent dans la matière élastique pondérable avec une vitesse dépendant uniquement de l'élasticité et de la température de cette matière, semblaient s'écarter d'un infini des vibrations de l'éther, qui sont beaucoup plus rapides. Mais cette distance ne saurait-elle être comblée?

A la suite des recherches analytiques de lord Thomson sur les décharges oscillantes, qui ne sont autres que les vibrations alternatives à longues périodes du diélectrique d'une bouteille de Leyde, considérée comme ayant reçu une torsion pendant la charge, et oscillant à la façon d'un ressort ou d'une lame élastique de part et d'autre de sa position d'équilibre, Hertz, disciple de Helmholtz, réussit à produire des ondes électriques d'une longueur comparable aux ondes de l'acoustique et pouvant se transporter dans le milieu aérien comme les vibrations sonores, se recueillir à distance au moyen de résonateurs spéciaux, traverser des obstacles opaques et solides, c'est le télégraphe sans fil de Marconi.

Les ondes hertziennes qui donnent lieu comme les ondes lumineuses et les ondes sonores à des phénomènes d'interférences, de réflexion, de réfraction, de polarisation, sont produites de manière continue par les excitateurs d'une puissante bobine de Rhumkorf dont on a eu soin de réunir les boules à des sphères métalliques ou à des plaques de tôles sur lesquelles se répartit et s'accumule la décharge. C'est en définitive une bouteille de Leyde extrêmement puissante à fonctionnement continu.

Les ondes hertziennes sont recueillies à distance par un résonateur dû au français Branly ; c'est simplement un cylindre rempli de limaille de nickel aggloméré par un ciment quelconque, argent et mercure, je pense. Sous l'influence hertzienne le cylindre devient conducteur de l'électricité, ce qui permet le fonctionnement d'un appareil Morse actionné par une pile locale. Cet appareil, combiné par le professeur A. Popoff, peut servir également à enregistrer les perturbations atmosphériques (1). Le tube de Branly, orienté par une décharge, continuerait indéfiniment à être conducteur si un petit marteau ne le frappait automatiquement après chaque résonance. Les deux pôles de ce tube doivent être réunis à la terre et à un fil vertical dressé contre un grand mât.

Les signaux lancés dans l'espace se font par succession d'émissions d'ondes, par longues et par brèves, qui constituent les signaux conventionnels à transmettre.

En présence de cette continuité qui s'établit chaque jour d'une manière plus frappante entre tous les phénomènes naturels vibratoires, il me suffira de montrer sur un exemple, celui du courant électrique, l'adaptation du système des tourbillons à toutes les agitations physiques de l'éther.

« Un courant électrique, dit M. Eric Gérard (2), doit être
» considéré comme le centre d'une perturbation qui inté-
» resse tout ou partie de la masse du conducteur, au point
» de vue de l'effet de Joule, et qui s'étend de proche en proche
» dans le milieu ambiant. Cette propagation ayant lieu dans
» le vide, il en résulte que c'est l'éther qui sert de véhicule
» aux ondes électriques.

(1) *C. R. Ac. des Sciences*. E. Ducretet, t. CXXVI, p. 1266.
(2) *Leçons sur l'électricité*, par Eric Gérard, t. I, p. 265, 1893, Paris, Gauthier Villars.

» Un courant provoque, au moment de sa naissance, une
» onde électromagnétique qui se transmet dans l'espace en-
» tourant le conducteur avec une vitesse égale à celle de la
» lumière. Lorsque le courant a atteint son régime perma-
» nent, c'est-à-dire lorsque l'intensité a acquis une valeur
» constante en tous les points d'une section du conducteur,
» le milieu ambiant est dans un état de tension qui se mani-
» feste par une tendance à se contracter dans le sens des
» lignes de force magnétique et à se dilater dans une direc-
» tion normale à celles-ci.

» L'éther qui entoure le conducteur est alors dans un état
» d'équilibre caractérisé par des *couches cylindriques tendues
» concentriquement au conducteur.* Quand le courant cesse,
» l'éther, subitement distendu, retombe sur le conducteur,
» en cédant à celui-ci son énergie potentielle, qui se mani-
» feste alors sous forme d'extra courant.

» Un courant alternatif provoque des ondes continues qui,
» comme dans le cas précédent, se propagent dans l'espace
» à la façon des ondes lumineuses, la seule différence réside
» dans la durée de la période des vibrations de l'éther. Il
» résulte de l'ensemble des travaux modernes qu'un courant
» électrique est la manifestation d'un transport d'énergie qui
» s'accomplit dans le milieu entourant les conducteurs, ceux-
» ci ne servent qu'à diriger le phénomène de propagation,
» rôle qu'ils remplissent aux dépens de l'absorption, sous
» forme de chaleur, d'une partie de l'énergie transmise. Un
» conducteur doit donc être considéré comme la directrice
» suivant laquelle s'opère le transfert, de même que la
» mèche d'une lampe est le centre de la flamme sans cons-
» tituer le siège de l'effet éclairant. Le siège de la propaga-
» tion de l'énergie électrique réside *dans les tourbillons élec-
» tromagnétiques* qui entourent les conducteurs. Quant au
» mécanisme intime de cette transmission, il est aussi mys-
» térieux que le mécanisme de la gravitation. »

—

§ X

Le système du monde électrodynamique de Zenger

Karl Venceslas Zenger est directeur de l'Ecole polytechnique slave de cette ville de Prague où le jeune officier René Descartes, pénétrant, il y a trois siècles, en vainqueur, se livrait avec ardeur à la recherche des instruments et des livres de Tycho-Brahé. Parmi tant de savants qui ont emprunté les idées de Descartes, K. V. Zenger a le mérite de ne pas renier le maître, il l'a placé sur un piédestal glorieux, et consacrant à son service toutes ses forces, toute sa gloire d'inventeur heureux parfois, souvent aussi méconnu, il s'est donné pour mission de répondre à l'éloquent appel de l'académicien Thomas :

« Quelle main plus hardie profitant des découvertes nou-
» velles osera reconstruire avec plus d'audace et de solidité
» ces tourbillons que Descartes n'éleva que d'une main
» faible ? ou rapprochant deux empires divisés, entreprendra
» de réunir l'attraction avec l'impulsion en découvrant la
» chaîne qui les joint ? ou peut être apportera une nouvelle
» loi de la nature inconnue jusqu'à ce jour, qui nous rende
» compte également et des phénomènes des cieux, et de ceux
» de la terre ? »

Cette loi de nature, c'est, pour K. V. Zenger, l'électricité. Au moment de résumer cette thèse charmante, et nous plaçant au point de vue du maître, nous nous demanderons si la manifestation électrique n'est pas une simple conséquence particulière, une manifestation d'une cause plus générale, qui est le mouvement tourbillonnaire. Cause et effet sont ici réversibles, et notre distinction n'enlève par suite aucun intérêt à la théorie électrodynamique du monde.

1° *La théorie électrodynamique du mouvement des corps célestes.* La théorie de Newton a fourni à Laplace les principes de sa théorie cosmogonique et du mouvement des corps célestes. Elle avait paru le fondement inébranlable de l'astronomie, mais le perfectionnement des instruments et des méthodes a mis en évidence plusieurs écarts entre cette théorie de la gravitation et les résultats d'observations très sûres et très précises.

Le mouvement (1) du périhélie de Mercure dont l'orbite doit se déplacer dans le sens direct de 527″ en un siècle par un phénomène analogue à notre précession des équinoxes, ne saurait être mis en accord avec l'action des astres connus de notre système sans une addition expérimentale de 38″. Vénus présente dans son mouvement des irrégularités analogues. Le Verrier a recherché la cause de ces écarts dans l'hypothèse d'une planète assez grosse qu'on a vainement recherchée depuis 1859 et qui, placée entre le Soleil et Mercure, devrait avoir l'éclat d'une étoile de 4ᵉ grandeur et se serait manifestée pendant les éclipses solaires. Il a également étudié l'action possible de plusieurs essaims de météorites découverts en cette même région, mais dont le mouvement très irrégulier expliquerait mal le déplacement très sûr et très régulier du périhélie de Mercure.

Les observations récentes des comètes nous ont aussi permis d'observer nombre de phénomènes répulsifs échappant à l'explication de l'attraction newtonienne. Encke avait attribué les retards du retour périodique de sa comète à la résistance de l'éther, mais depuis les retards se sont changés en avances. Un astronome américain, Shermann, a depuis fait dépendre les retards ou accélérations du retour au périhélie de cette comète de la période undécennale de l'activité magnétique solaire.

2° *Imitation du mouvement planétaire par l'appareil électrodynamique.* M. Zenger a réussi à imiter et reproduire le mouvement planétaire au moyen d'une petite sphère creuse de cuivre placée dans le champ de trois électro-aimants verticaux dont les pôles supérieurs occupent, dans un même plan horizontal, les trois sommets d'un triangle isocèle. La

(1) Tisserand, *C. R. Ac. des Sciences*, t. CX, p. 313, 17 févr. 1890.

sphère est suspendue au plafond par un long fil élastique
dont la torsion lui communique une rotation initiale sur
elle-même, rotation dont l'axe se prolonge par un style
flexible capable d'enregistrer la trace de son orbite sur une
plaque horizontale enfumée.

L'action d'un seul aimant placé dans l'axe de la sphère
arrête sa rotation, c'est l'expérience
de Foucault. Mais si on la suspend
dans le plan vertical et à d'inégales
distances des deux pôles de nom
contraire placés à la base du triangle isocèle, on obtient, suivant qu'on
fait intervenir un, deux ou trois
pôles, un cercle de rayon constant,
une ellipse dirigée ou enfin une el-

Fig. 20

lipse dont le grand axe se déplace régulièrement en reproduisant les variations du périhélie de Mercure.

La sphère de cuivre c'est la Terre, les deux pôles de base
représentent le Soleil, enfin, le troisième pôle, sommet du
triangle isocèle, c'est par exemple
Jupiter, dont l'influence détermine
les variations de notre périhélie.

Ce qui frappe en ce microcosme
charmant, c'est la constance du
mouvement de rotation et de
translation, cette limitation de
vitesse que l'équilibre des forces
électriques constantes peut assu-
rer, et que la gravitation universelle, au dire de Zenger,

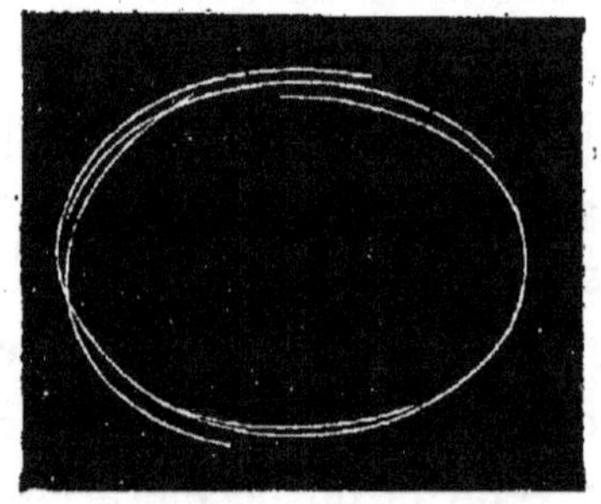

Fig. 21

n'expliquerait qu'imparfaitement et en vertu d'une impulsion
primitive.

La liaison de la sphère creuse assujettie à une surface
sphérique sensiblement plane, ne lui permet pas ici de prendre
son mouvement réel et complet. Les lignes de force du
champ magnétique qui agissent sur elle sont des courbes à
trois dimensions, et si la sphère était libre, elles lui donne-

raient dans son orbite une trajectoire à trois dimensions dont
les composantes auraient la direction du rayon vecteur de
l'orbite, de sa tangente, enfin de l'axe de rotation. La sphère
se soulèverait si elle n'était pesante et suspendue, elle dé-
crirait dans l'espace une trajectoire hélicoïdale à spires plus
ou moins serrées, tourbillonnaire en un mot. C'est ainsi
qu'à l'Exposition de 1889, le célèbre physicien américain
Elihu Thompson réussit à faire planer un anneau de cuivre
pesant sur le pôle d'un aimant fort puissant, reproduisant
ainsi ce mouvement tourbillonnaire qui, dans le champ magnétique du Soleil, fait planer les planètes au-dessus du pôle
de l'astre et les suspend dans l'espace libre du ciel au-dessus
d'un centre magnétique dont l'intensité est invariable.

Pour révéler cette composante du mouvement qui tend à
soulever les planètes de leur orbite, Zenger place entre les
deux boules d'une machine électrique une petite sphère de
cristal, intérieurement argentée, ouverte à la base et reposant sur un pivot par une crapaudine supérieure. Cette
sphère entre en rotation, et si l'on augmente le potentiel par
une accélération de la vitesse de la manivelle ou l'interposition d'un condensateur, elle se soulève et quitte son axe.
Ou bien encore, par une disposition empruntée à Gore, il fait

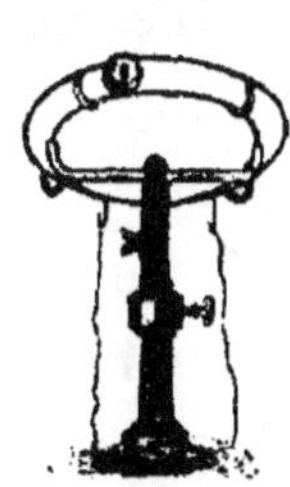

Fig. 22

rouler une petite boule de verre sur le chemin
circulaire horizontal de deux rails de cuivre isolés
l'un de l'autre et communiquant aux deux pôles
d'une même machine. La boule se met à rouler et
accomplit son orbite circulaire jusqu'au moment
où, par les mêmes artifices, on a fait croître le
potentiel. Elle se soulève alors et se projette
par-dessus le chemin qui lui est tracé.

L'intervention d'une force électrique introduit dans l'étude
du mouvement des astres les actions répulsives et attractives tout à la fois, et comme ces actions dépendent de la
distance des centres agissants au mobile, elles finiront toujours par s'équilibrer dynamiquement dans le mouvement.
C'est ainsi que les forces qui déterminent la rotation et la

révolution de la Terre sont combattues par d'autres forces qui tendent à empêcher ces mouvements. Cette condition est tout à fait favorable à l'obtention de régimes d'équilibres dans le mouvement, de lois immuables et constantes dans leur périodicité.

On comprendra d'ailleurs que cet antagonisme des forces attractives et répulsives dans le mouvement de la matière, exerce sur cette matière une tension déterminée, une torsion, un potentiel en un mot, qu'il faut, dès lors, ajouter à la loi du mouvement apparent et visible.

Ainsi donc, on pourrait comparer les planètes aux aimants ou à la partie mobile d'une dynamo dont les courants seraient engendrés par le champ magnétique d'un aimant central merveilleusement puissant : tel est le mécanisme qui produit le mouvement des astres et leur magnétisme. Et, s'il en est ainsi, la loi de Képler est une loi simplement approchée, les lois de l'électricité, celles de Gauss, de Weber, de Riemann, sont propres à représenter le mouvement principal des astres et ses variations. Ces lois ont été appliquées à déterminer les actions de la force électrique (je dirai plus généralement, de la force dont les phénomènes électriques sont une manifestation particulière).

Je pourrais, si je n'étais limité, emprunter à la théorie mathématique de l'électricité de J. Bertrand, aux travaux de Tisserand et de M. M. Lévy (1), des arguments en faveur de la thèse de Zenger, je dirai tout simplement que M. M. Lévy, pour expliquer toute la différence constatée dans le retour de Mercure à son périhélie, propose d'ajouter aux effets d'induction l'action d'un potentiel (2).

---

(1) *C. R. Ac. des Sciences*, t. CX, p. 313, p. 545.

(2) M. M. Levy suppose, en outre, que la force se propage du Soleil à chaque planète avec une vitesse égale aux $\frac{2}{3}$ environ de celle de la lumière. La seule vitesse connue comme très rapprochée de cette valeur est la vitesse des éclairs solaires observés à Naples en 1845 par Peters dans une tache solaire. Il l'a trouvée de 200,000 kil. par seconde, tandis que la vitesse de l'électricité dans un fil télégraphique est de 36.000 kil. seulement, celle du courant indirect de 18.400 kil. par seconde.

Ces différences constatées entre la vitesse de propagation de la lumière

Evoquons maintenant la grande figure du maître et faisons-le sortir de son tombeau. A Zenger et aux savants qui font intervenir la force électrique dans la gravitation des astres, Descartes dira : « Vous n'êtes pas mes disciples. Vous avez à la vérité reconnu après trois siècles de négation que le mouvement des astres est un tourbillon. J'en avais la notion claire et distincte. Quant à la force au potentiel, je n'en ai pas eu la notion claire et distincte. La force et la puissance sont les attributs de Dieu, de l'Esprit. La matière ne possède que figure et mouvement. Les grands corps reposent dans leur ciel, et ce ciel lui-même se meut d'un mouvement giratoire éternel. Chacun des quatorze tourbillons et plus qui composent aujourd'hui votre monde, possède un mouvement propre, réagit sur tous ses semblables par l'intermédiaire de ceux qui sont entre eux, et provoque le déplacement continuel de leurs diverses matières. Dans ces nappes, dans ces océans célestes, l'agitation des vagues fait balancer le navire. Le grand courant de la matière des cieux donne naissance aux mille tourbillons accessoires que je voyais pensivement suivre le cours de mon petit ruisseau. Il vous est permis comme à moi de donner à ces agitations diverses les noms de lumière, chaleur, magnétisme ; en vérité, ces manifestations du mouvement sur vos organes et vos instruments de mesure ne comportent aucune force attractive ou répulsive, aucune force même. La matière inerte, impénétrable, n'attire pas, ne repousse pas la matière. Le mouvement rassemble et organise la matière. Les intermittences, le tour et retour, l'agitation de ce mouvement, lui donnent toutes ses qualités.

» Quant à votre potentiel, je l'admets encore moins que la force ; pour moi c'est une agitation spéciale due à ce que la matière des cieux, par exemple, qui emporte votre globe, va

---

et des diverses forces électriques ne tiendraient-elles pas tout simplement à la forme incurvée des lignes de forces, trajectoires de cette transmission ? C'est ainsi que nous avons vu la vitesse d'un jet de vapeur s'atténuer par l'inclinaison imposée à ses trajectoires par l'action de diverses formes d'orifice.

beaucoup plus vite que lui dans son mouvement de translation, qu'également aussi la différence de vitesse des deux
nappes qui l'enserrent et produisent par elle sa rotation,
est beaucoup plus considérable que cette vitesse de rotation. Il n'y a là ni réserve de force, ni torsion, ni même
orientation nécessaire de la matière des corps, mais une
agitation réelle, actuelle et continue de la matière des cieux
qui agit sur les astres comme les vents rapides sur la
voile d'un navire attardé par la résistance des flots. En
résumé, la matière impénétrable et continue se déplace et
s'agite par l'action, par le choc d'autre matière également
impénétrable et continue. Je n'y vois encore aujourd'hui
que *figure et mouvement.* »

§ XI

De la constitution des nébuleuses et du Soleil

La nature de l'électricité, dit le professeur Zenger, est
d'imprimer à la matière, sous l'influence d'une décharge,
un mouvement giratoire ou hélicoïdal. Si la décharge ne
peut avoir lieu, la tendance persiste sous forme de torsion
moléculaire. Cette disposition intérieure se manifeste notam-
ment dans le reste de charge d'une bouteille de Leyde, reste
de torsion moléculaire, dans le dédoublement de réfraction
constaté dans les prismes de verre sous l'influence des
champs électriques.

Un physicien, M. Holden, a trouvé qu'une certaine espèce
d'hélice, de rayon et de pas variables, constituée par un fil
de cuivre, enfin projetée sous diverses inclinaisons sur un
écran, reproduit l'image des diverses courbes observées dans
les nébuleuses. En disposant l'axe de cette hélice parallèlement à la surface de l'écran, on reproduit également la courbe
singulière à longueur d'ondes croissantes, observée sur la
plaque d'un téléphone par Ayrton et Bjerknes. Or, cette
courbe est la projection ou la trace d'un tourbillon électrique.

M. Holden admet donc par analogie que les nébuleuses sont toutes des tourbillons de matière cosmique projetés sous des angles variables sur la voûte du ciel. Il en fut de même à l'origine de notre nébuleuse solaire dont le mouvement hélicoïdal a eu pour effet de condenser la matière cosmique en cette partie centrale où l'on trouve dans nos cyclones terrestres un repos relatif, et que les météorologistes ont appelé « l'œil de la tempête ».

Et, par l'examen d'une série de décharges de la foudre et aussi de l'électricité du laboratoire, Zenger s'efforce de montrer la forme constamment tourbillonnaire du mouvement électrique.

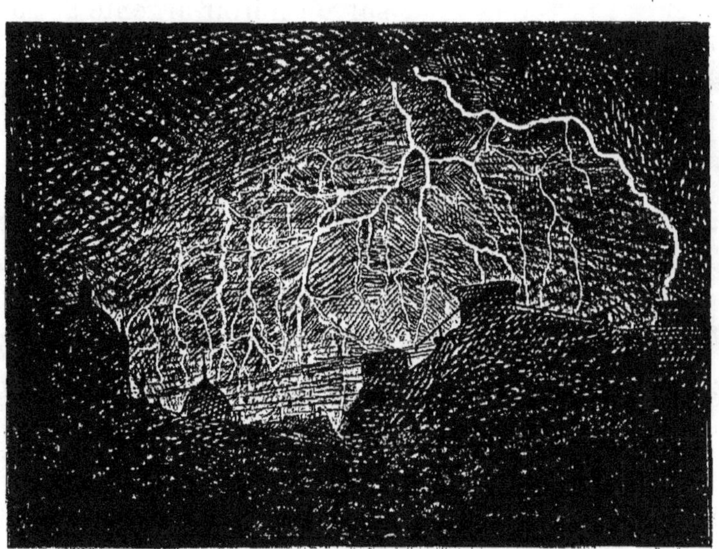

Fig. 23. — Eclair sextuple sur Prague du 20 mai 1894, à 9 heures et demie du soir, dessiné d'après une photographie de Zenger.

C'est d'abord l'étincelle d'une puissante machine qui rase la surface d'un verre enfumé ou argenté. Les bords sont dentelés et le milieu est occupé par un fil noir très délié indiquant que la partie centrale n'a pas été touchée par la décharge. La loupe révèle dans les dentelures extérieures des spires très fines se dirigeant dans le sens direct ou inverse suivant le pôle d'où jaillit l'étincelle. Cette étincelle brillante est donc un tourbillon dont l'*œil* évidé s'entoure d'hélices fines et rapprochées.

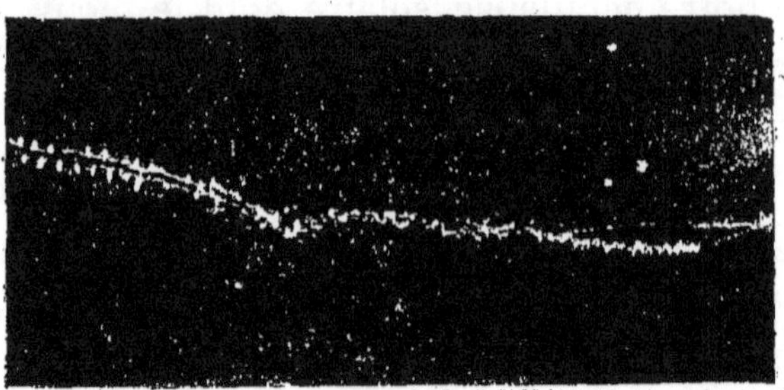

Fig. 24

Un coup de foudre mémorable a produit, le 21 juillet 1889, sur un miroir argenté de la manufacture chimique d'Aussig, une série de trous irréguliers, coniques, et remplis à l'intérieur d'un fil de verre fondu très fin, adhérant à la paroi conique, en forme d'hélicoïdes ayant jusqu'à six spires.

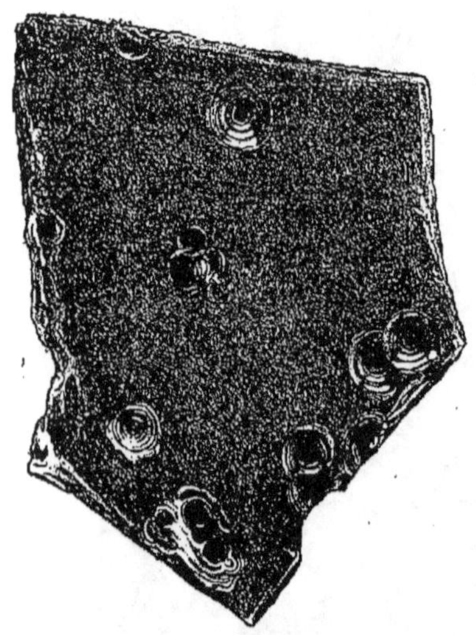

Fig. 25

En reproduisant cette expérience sur la surface argentée d'un miroir frappé plus ou moins obliquement par de puissantes décharges, Zenger reproduit les formes spiraloïdes des nébuleuses, et en particulier de la grande nébuleuse à spires elliptiques d'Andromède. Il obtient toutes les formes bizarres que Holden avait mises en évidence en projetant sa spirale de cuivre sur un écran.

Sur le plateau d'une machine pneumatique contenant

Fig. 26. — Décharge sur un miroir argenté, recouvert d'un vernis isolant.

en deux capsules séparées, de l'ammoniaque et de l'acide chlorhydrique, il détermine par une violente décharge verticale un tourbillon de chlorydrate d'ammoniaque dont les fumées se précipitent sur le plateau, suivant de véritables lignes de force. Or, ce sont là les effets constatés par Faye dans la projection sur le sol des matières provenant des cyclones terrestres, les objets légers, les débris, les arbres mêmes, s'y disposent après la tempête suivant des directions analogues.

Fig. 27. — Nébuleuse hélicoïdale du Lion, d'après une photographie de Zenger.

La foudre condense par un phénomène semblable, sans doute, les vapeurs atmosphériques, et le premier coup de tonnerre détermine l'averse de pluie.

Fig 28. — Imitation des protubérances solaires pendant l'éclipse de Lune. Hémisphère de cuivre jaune collée sur une plaque enfumée.

L'électricité fournit également des images frappantes de tous les phénomènes observés dans le champ électrique du Soleil, et M. Zenger est parvenu à fixer ces images par des procédés fort semblables à ceux que Descartes employait pour obtenir au moyen de la limaille de fer la figure des courants de l'aimant sphérique et que la science moderne a étendu à tant de recherches délicates.

On est surpris de retrouver sur ces images le fac-simile d'une éclipse totale, la chromosphère avec ses langues de feu, les protubérances du type éruptif et auroral de M. Tacchini, enfin un anneau irrégulier de faible largeur formé par la superposition d'un grand nombre de lignes de force tendues et recourbées reproduisant jusqu'à l'aspect de la couronne solaire.

Fig. 29. — Imitation de la couronne solaire par la décharge électrique positive d'une hémisphère représentant le Soleil dans une couche mince de lycopode et minium.

On peut donc admettre que d'énormes décharges d'électricité, dont les télescopes et même les spectroscopes ne nous permettent pas de suivre la marche jusqu'au bout, traversent 'l'atmosphère et la couronne solaire et pénètrent jusque dans l'espace interplanétaire. Ces décharges, en parcourant les couches d'hydrogène raréfié qui entourent le Soleil, leur fournissent cet éclat observé au spectroscope pendant les éclipses et qu'on a réussi même à retrouver, à constater en dehors de ces phénomènes. En tenant compte de l'énorme hauteur à laquelle s'élèvent les protubérances avec une vitesse de propagation vertigineuse, Fizeau a été conduit à supposer que ces projections devaient être dues à des décharges d'électricité solaire à travers l'atmosphère d'hydrogène raréfié qui entoure le Soleil, et nullement à l'écoulement réel de grandes masses gazeuses sous d'énormes pressions.

En chaque lieu du Soleil elles traversent verticalement les couches de l'atmosphère dont le déplacement est horizontal, enfin elles semblent se diriger vers les planètes les plus grosses de notre système.

Les taches du Soleil ne seraient autres que les traces hélicoïdales de ces grands tourbillons éruptifs, et telle est la forme précise des ouvertures déterminées par le passage de l'étincelle électrique à travers un bloc de cristal.

§ XII

Photographie des cyclones et tourbillons solaires

Les décharges électriques du Soleil vers les espaces planétaires déterminent donc dans l'atmosphère de cet astre des tourbillons dont les taches et les protubérances sont la trace et le profil visibles, mais qui se propagent bien au delà puisque nous en ressentons les effets. Zenger a eu l'idée d'appliquer à la recherche de ces prolongements, que le spectroscope et le télescope n'avaient pu mettre en évidence, les procédés de *phosphorographie* qu'il avait imaginés pour révéler l'image des rayons invisibles de la lumière ultraviolette. Ce procédé consiste à tirer sur une plaque de verre recouverte de phosphore Balmain, d'azotate d'urane ou d'une substance phosphorescente, une première épreuve instantanée ou du moins très rapide des objets visibles ou invisibles, puis à accoler dans l'obscurité, pendant un temps fort prolongé, cette première épreuve invisible à une plaque de sensibilité moyenne, colorée à la chlorophylle. Il a permis d'obtenir sans mouvement d'horlogerie des photographies du ciel que les frères Henry demandent à une pose directe de plusieurs heures.

Une pose un peu plus prolongée détermine la trajectoire des étoiles par une série de traits qui permettent d'orienter les cartes et les appareils.

Ce procédé a donné également pendant la nuit, au moyen d'expositions prolongées, l'image très nette des objets terrestres, montagnes, paysages, effluves électriques, etc...

Le 5 mars 1875, à Prague, au milieu d'une effroyable tempête, M. Zenger obtint au moyen d'une émulsion chlorobromique colorée à la chlorophylle, une image *négative* du Soleil entourée d'une zone d'absorption très large, *blanc de neige* (obscure en positif) fortement elliptique. En d'autres circonstances, il obtint successivement un cercle, puis une parabole et enfin un cône. Ces étranges figures se sont étendues parfois à plus de 20 diamètres de distances du Soleil. Toujours elles ont pu se rapporter au profil et aux sections de cônes ayant pour sommet le centre du Soleil, et pour traces les taches, ombre et pénombre qui se manifestent en la région équatoriale de cet astre. Enfin, leur apparition a concordé avec de violentes perturbations magnétiques et sismiques, des orages et des éruptions volcaniques (1).

De remarquables travaux effectués depuis cette époque par MM. Deslandres (2) et Goldstein (3) confirment les prévisions et les expériences de M. Zenger. Pour ces savants,

---

(1) *C. R. Ac. des Sciences*, t. CII, p. 385.
(2) *Ibid.*, t. CXXIV, pp. 678, 945 ; t. CXXV, p. 373.
(3) *Ibid.*, t. CXXVI, p. 1199.

les taches solaires émettent des rayons cathodiques. Cette émanation a la propriété de se transmettre en un faisceau très peu divergent et par suite très énergique et très con-

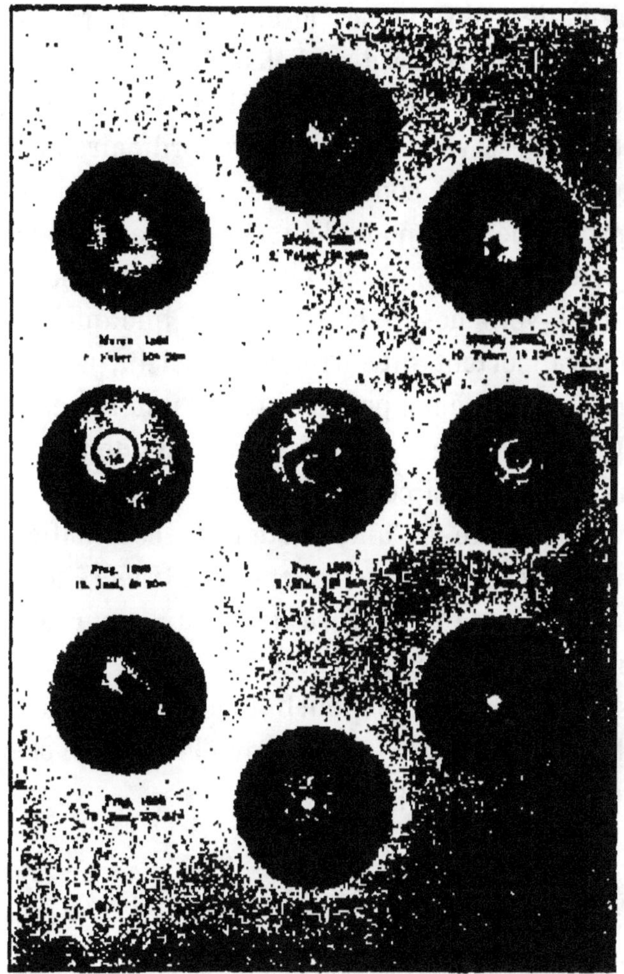

Fig. 30. — Le Soleil pendant les tempêtes terrestres. Les cyclones invisibles émis par les taches solaires (photographie de Zenger sur plaque de collodion chlorophyllée)

densé. De plus, elle n'exige pas que la Terre elle-même représente une source ou un pôle de la décharge. Il se pourrait très bien que des décharges, dont les pôles se trouveraient tous deux sur le Soleil, produisissent des rayons cathodiques émanant du Soleil dans l'espace céleste, enfin exerçant un effet puissant sur la Terre dans le cas où celle-ci plongerait dans leur faisceau.

L'existence nettement constatée par Zenger des zones qui interceptent parfois l'éclat du Soleil entier pendant les fortes perturbations, était parfaitement connue de Descartes qui attribuait la matière des taches à une cause tourbillonnante d'éléments cannelés, c'est-à-dire d'électricité.

« Et l'expérience fait voir que toute la superficie du Soleil, excepté celle qui est vers ses pôles, est ordinairement couverte de la matière qui compose ces taches, bien qu'on ne lui donne proprement le nom de taches qu'aux endroits où elle est si épaisse qu'elle obscurcit notablement la lumière qui vient de lui vers nos yeux. C'est ainsi que quelques historiens nous rapportent qu'autrefois le Soleil, pendant plusieurs jours, voire même pendant toute une année, a paru plus pâle qu'à l'ordinaire et n'a fait voir qu'une lumière fort pâle et sans rayon, quasi comme celle de la Lune. »

Et Descartes ajoute qu'une portion de ces matières qui constituent les taches « passe facilement à travers les parties du second élément de la matière des cieux, pour aller vers les centres des tourbillons d'alentour. »

Les plus rapprochés de ces tourbillons sont les planètes, et l'on peut dire que Descartes avait prévu l'influence électrique du Soleil sur les planètes qui l'entourent.

§ XIII

L'application des lois électrodynamiques en météorologie

En 1886, après une observation de seize années, M. Zenger a affirmé que les réactions électrodynamiques des grosses planètes, Jupiter, Saturne et Uranus, sur le Soleil, suffisaient à expliquer la variation périodique des taches solaires et, par suite, les perturbations magnétiques terrestres, phénomènes dont le parallélisme avait été observé par Wolf, directeur de l'Observatoire de Zurich.

Partant de ce principe que la réaction de deux astres est directement proportionnelle au produit de leurs masses, inversement proportionnelle au carré de leur distance, il construit, pour les trois planètes considérées, des courbes dont l'ordonnée varie chaque jour avec leur distance au Soleil et dont le maximum correspond au périhélie. Ces courbes ont pour période la durée de la révolution des astres considérés, soit 11,9 ans pour Jupiter, 29,4 ans pour Saturne, 84,0 ans pour Uranus.

En construisant la courbe des réactions de Jupiter, qui sont de beaucoup les plus importantes, en y superposant successivement les courbes de Saturne, puis d'Uranus, enfin, en faisant chaque jour la somme des ordonnées, il obtient des périodes de plus en plus longues, qui sont de 11, puis de 30 et enfin 660 années terrestres environ.

En résumé, si l'on admet que les variations de l'activité solaire dépendent du rapprochement des trois planètes les plus importantes de notre monde, les perturbations solaires doivent être à leur maximum quand Jupiter s'approche du périhélie, et à leur maximum maximorum quand Jupiter, Saturne et Uranus sont en même temps très proches de leurs périhélies.

Il n'y a plus qu'un pas à faire pour retrouver dans cette réaction électrique entre le Soleil et les planètes du système solaire, la cause véritable des grandes perturbations électriques et magnétiques du globe, et pour être en droit d'affirmer que la production des perturbations magnétiques et des forts courants terrestres représente l'action inductrice du Soleil, de même que les aurores boréales et les orages cycloniques doivent être attribués aux décharges de l'électricité cosmique dans notre atmosphère.

M. Zenger a constaté de plus que les perturbations magnétiques de la Terre ont une période de 13 jours, à peu près égale à la demi-rotation du Soleil. La comparaison des phénomènes de la Terre et du Soleil conduit ensuite à constater qu'il existe deux centres d'agitation atmosphérique: sur Terre à l'île Saint-Thomas sous 18° de latitude nord et 65° longitude W de Greenvich, où naissent les cyclones américains, et en second lieu sur l'océan Indo-chinois à la latitude de 20° N et 116° de longitude Est de Greenvith, où se produisent les typhons ; et sur le Soleil en deux localités rapprochées de l'équateur où M. Jansen a constaté la naissance habituelle des plus fortes taches du type cyclonique.

Or, la rotation solaire, plaçant successivement ses deux centres de perturbation maxima en face de la Terre, au milieu du disque solaire, il en résulte à chaque révolution complète du Soleil deux maxima d'induction ou de perturbation des éléments magnétiques du globe, au moment où les points dangereux du Soleil peuvent imprimer des mouvements giratoires aux points dangereux de la Terre. Et c'est ainsi que les perturbations atmosphériques de la Terre se relient aux perturbations électriques et magnétiques du Soleil.

En étudiant au même point de vue les grands mouvements sismiques, M. Zenger a retrouvé la même périodicité d'environ 13 jours.

La périodicité des variations de l'énergie solaire reçoit, du reste, une précision spéciale d'un fait observé par Zenger et qui paraît constituer une des lois du mouvement tourbillonnaire des astres :

La durée de la révolution orbiculaire d'un satellite (planète ou comète) est toujours un multiple à peu près exact de la demi-rotation sur lui-même de son astre principal ; les nombres qui représentent l'année des diverses planètes sont donc respectivement pour

Mercure	Vénus	Terre	Mars	Jupiter	Saturne	Uranus	Neptune
7	18	29	55	344	854	2437	4779

demi-rotations solaires de 12.6 jours terrestres.

La Lune accomplit de même sa révolution autour de la Terre en une période de 55 demi-révolutions de la Terre — 0$^\mathrm{n}$1783, qui est ici un peu forte. Mais la période du saros lunaire après laquelle le Soleil, la Lune et le Soleil reprennent la même position relative équivaut à 18 ans terrestres de 29 demi-rotations solaires chacune, plus une demi-rotation.

Les satellites de Jupiter, de Saturne, d'Uranus, surtout les satellites les plus éloignés de ces planètes, enfin toutes les comètes périodiques, suivent la même loi.

Il en résulte qu'à des périodes déterminées de l'année de ces divers satellites, les mêmes points de l'astre principal et du satellite se retrouvent en coïncidence aux mêmes heures.

A ces diverses causes de la périodicité des phénomènes d'activité et de magnétisme solaire et terrestre, Zenger a proposé de joindre une autre cause provenant du passage des étoiles filantes à travers l'atmosphère terrestre. Ces corps cosmiques possèdent, en effet, un potentiel électrique très différent de celui de l'atmosphère terrestre où ils pénètrent, ils viennent donc superposer leur influence aux décharges reçues directement du Soleil, et l'on conçoit que la superposition de ces deux périodes, que leurs coïncidences provoquent dans la loi des grandes perturbations terrestres, d'apparentes irrégularités dont la théorie donne une explication très claire et très satisfaisante. Ces météorites forment autour du Soleil un anneau dont la continuité est suffisante pour lui permettre de prendre, par induction, une électricité de sens déterminé et dont l'importance dépend des variations de l'état électrique du Soleil. Il n'est donc pas étonnant que la Terre, lorsqu'elle vient à rencontrer cet anneau, éprouve un choc électrique également déterminé.

Dans toutes ces influences de l'énergie solaire, les choses se passent pour la Terre comme pour une bouteille de Leyde soumise à l'action d'une machine statique, les régions supérieures de notre atmosphère sont bonnes conductrices et se chargent d'électricité, le globe terrestre, bon conducteur également, s'électrise par influence, enfin l'atmosphère, mauvais conducteur, joue le rôle du diélectrique, du verre de la bouteille, et l'on conçoit que cette charge puisse se maintenir pendant une période de plusieurs jours.

Les décharges électriques produites par l'électricité cosmique sont accompagnées parfois du phénomène des aurores boréales, elles font naître nos tourbillons, nos cyclones et nos trombes, non seulement dans l'atmosphère de la Terre mais aussi dans le noyau igné de notre planète. La combinaison des rotations du Soleil et de la Terre avec la révolution annuelle de la Terre, donne à l'axe de ces tourbillons une trajectoire parabolique qui se trahit dans la trace des cyclones américains et des typhons de l'Inde, et même dans les courbes des mouvements sismiques. En effet, ces dernières se représentent généralement par des ellipses fort excentriques.

Telles sont les règles au moyen desquelles M. Zenger a entrepris de donner aux prévisions météorologiques, magnétiques, sismiques, une période dont le terme le plus faible est de dix années terrestres. En publiant chaque année, pour la ville de Prague, le Calendrier météorologique des observations diverses de celle qui l'a précédé de dix ans, l'éminent météorologiste a donné le meilleur almanach prophétique qui fût connu jusqu'à ce jour. Cette méthode, évidemment rationnelle, se perfectionnera, comme toute science expérimentale, par l'observation d'abord et aussi peut-être par la considération de nouvelles influences périodiques négligées jusqu'à ce jour.

§ XIV

Les tourbillons sonores et la génération de la voix et du timbre

Descartes donnait pour origine à la voix un tourbillon aérien : « La quantité de l'air qui est mû ne sert pas à causer le son, mais seulement la vitesse de son mouvement et les tour et retour ou le tremblement de l'air qui suit de cette vitesse ; comme au chant ou à la parole, il faut penser que l'air qui touche le larynx se meut beaucoup plus vite que les vents qui ne causent pas tant de bruit encore qu'ils meuvent une quantité d'air qui est incomparablement plus grande. »

Depuis fort longtemps et jusqu'à nos jours, les physiologistes avaient admis au contraire que la vibration vocale était engendrée par les bords de la glotte, comparant ainsi le larynx, non pas à un sifflet, mais bien à un instrument à anche.

Dans une magistrale étude, où je le remercie d'avoir élogieusement cité mon nom et mes recherches aérodynamiques, M. le professeur A. Guillemin, s'attaquant au préjugé des cordes vocales, établit que la voix humaine a bien pour origine, ainsi que le soutenait Descartes, un mouvement aérien qu'il rattache à la forme des anneaux tourbillons.

Ferrein, le premier, puis Muller, firent vibrer les cordes vocales d'un larynx mort sous l'action d'une soufflerie puissante. Ils en obtinrent des sons et en conclurent qu'elles pouvaient rendre tous les sons de la voix humaine. « Elles vibrent, donc elles sonnent », conclurent-ils.

En vérité, le son ne nécessite pas la présence d'un corps sonore solide ; dans la sirène de Savart, dans les sifflets, dans les flûtes traversières, ce corps vibrant n'existe pas à coup sûr, et réciproquement certains objets vibrants ne produisent aucun son, telles les membranes du pendule acoustique, des capsules de Kœnig, du phonographe, qui s'emparent d'une portion des ondes sonores et participent à leur agitation. Ces membranes sont des esquifs ballottés par le flot, elles subissent l'action des vagues, mais ne les engendrent pas.

Pour éteindre le son d'un corps vibrant, un timbre par exemple, il suffit de le toucher avec le doigt, et quand Muller touchait les cordes vocales avec le doigt, le son n'était en rien modifié. Il aurait dû s'amortir ou devenir plus aigu.

Au contraire, les membranes de caoutchouc et les cordes vocales tendues par des poids, dans l'expérience de Muller, vibraient et leur son était modifié par un contact. Conclusion : les anches membraneuses de Muller se comportent tout autrement que les cordes vocales de Liscovius. Les premières vibrent et contribuent à la production du son, les secondes vibrent parce qu'elles sont entourées d'air vibrant, comme la membrane recouverte de sable qu'on descend dans un tuyau sonore. Elles reçoivent les vibrations sonores et ne les engendrent pas.

Lorsqu'on entend sortir de certaines glottes des sons chevrotants, trémolos, aussi perpétuels qu'involontaires, il est logique de les attribuer aux grandes vibrations aussi visibles que gênantes des cordes vocales, tandis que les notes pures sont produites par les glottes qu'on ne voit pas vibrer, pas plus qu'on ne voit vibrer les embouchures de flûte ou les orifices sonores de Masson.

Pour obtenir les octaves élevées de la voix humaine, il faudrait des tensions considérables, la chanterelle du violon, mise au ton de l'opéra, doit avoir une tension de 7 k. 500.

Il est vrai que Muller employait des poids tenseurs plus faibles pour faire chanter ses larynx morts, mais la pression de l'air augmentait la tension des membranes comme le vent tend les voiles des navires.

Ces tensions considérables sur un larynx vivant briseraient les cartilages qui soutiennent les muscles et commencent à céder visiblement sous une pression de trois loths, c'est-à-dire de quelques 50 grammes. La tension des cordes vocales résulte de l'antagonisme de deux paires de muscles, savoir : les muscles cricothyroïdiens qui représentent le poids tenseur, la puissance, les muscles thyro-arytenoïdiens qui s'opposent à l'allongement et représentent la résistance. Or, quand deux forces agissent aux extrémités d'un levier du premier genre, le point d'appui supporte un effort égal à la résultante des deux forces composantes. Ce point d'appui est la double articulation latérale du cartilage thyroïde sur le cricoïde. Les auteurs nous représentent les petits cartilages aryténoïdes comme de minces clochetons très mobiles et perchés symétriquement près du sommet du cricoïde, base peu rigide, puisqu'elle n'est qu'un cartilage. Peut-on imaginer que cette pyramide allongée, cette légère lamelle puisse résister à des tractions aussi fortes sans se coucher sur la glotte, il suffirait pour cela d'un poids de 100 grammes.

Du reste, la paralysie des muscles tenseurs cricothyroïdiens modifie à peine la voix, tandis que la section du nerf laryngé supérieur qui se distribue aux seuls muscles intérieurs du

larynx et nullement aux cricothyroïdiens, abolit complètement la phonation.

Pour produire des tensions énergiques, tous les muscles
vocaux ou autres doivent avoir des points d'attache solides et
résistants. C'est ainsi que l'orbiculaire des lèvres ne soulè-
vera jamais des poids aussi lourds que les constricteurs du
petit doigt. Si donc cette tension des cordes vocales existait,
les vieillards dont les cartilages sont ossifiés devraient avoir
la voix plus haute que les adultes et surtout que les femmes
dont les cartilages sont délicats et ne s'ossifient jamais, et les
enfants dont les cartilages sont à peine formés et résistants.
Or, tout le monde sait que la vieillesse rend la voix de l'homme
faible, chevrotante et sans éclat, qu'elle lui enlève la fermeté
et l'assurance, la souplesse et la flexibilité, et surtout qu'elle
dépouille le chanteur de ses notes *élevées*, malgré toutes les
chances de survivance qu'elle devrait leur donner ; donc là
où les fortes tensions devraient se produire, elles ne se produisent pas, donc elles sont sans utilité sur le vivant.

Ces tensions ne peuvent non plus être remplacées par des
changements dans la longueur des cordes ou dans la largeur
de la glotte. Pour monter de la note grave $ut = 128$ vibrations à l'*ut* de poitrine, les cordes vocales devraient devenir
16 fois plus courtes si elles suivaient la loi des cordes $n^2l = a$,
ou tout au moins se raccourcir de 18 à 10 $^{m}/^{m}$ si elles suivaient
la loi des verges $n^2l^3 = b$, soit encore un raccourcissement
de presque moitié, or, un partisan des cordes vocales, le
Dr Castex, avoue que pendant que l'appareil vocal fait monter
les sons, les cordes vocales ne paraissent ni se raccourcir ni
s'allonger, ni s'épaissir ni s'amincir. La glotte conserve exactement la même attitude, la même figure.

Quand on a rempli les poumons d'hydrogène, le son s'élève
parce qu'à pression égale l'hydrogène acquiert des vitesses
plus considérables, et ce fait constaté corrobore cette hypothèse des cyclones.

Les formes de glottes dessinées et photographiées par tant
d'observateurs attentifs sont très diverses, filiformes, ruba-

nées, triangulaires, ouvertes ou fermées par des cordes imbriquées chevauchant l'une sur l'autre. Les cordes peuvent être droites ou courbes, incurvées en dehors ou en dedans, et comment des cordes courbes pourraient-elle être tendues ? Donc la tension des cordes vocales et leur vibration sont des préjugés qu'il faut rejeter aujourd'hui.

Depuis soixante-dix ans déjà, Savart a comparé l'organe producteur de la voix humaine à l'appeau des oiseleurs dans lequel la vitesse du courant d'air permet d'obtenir une grande variété de sons (1). Cet instrument se compose d'un tuyau central et de petits réduits circulaires concentriques fort analogues aux ventricules de Morgagni disposés autour du tuyau central du larynx et fermés par les cordes vocales. Plus l'appeau est grand, plus il peut rendre de sons variés.

Cette variété des sons produits par un même appareil solide n'est, du reste, pas une particularité de l'appeau. Savart a montré que les tuyaux d'orgue courts et surtout les tuyaux munis de parois flexibles ou humides se prêtent à

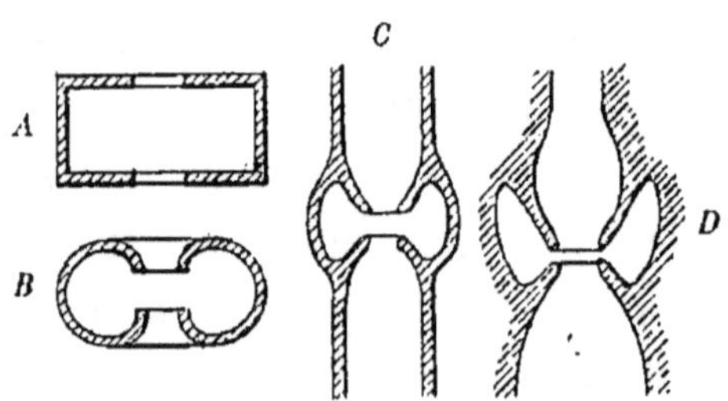

Fig. 31. — *A* Appeau des chasseurs.
B et *C* Appeaux de Savart.
D Larynx et ses ventricules.

à l'émission de sons de hauteurs fort variées. Le son de ces tuyaux s'abaisse : 1º quand on diminue la force du vent, 2º quand on diminue la rigidité des parois, 3º l'abaissement fourni par ces causes est d'autant plus marqué que l'on opère sur des instruments de moindres dimensions.

Si l'appeau d'ivoire, par la seule variation du vent, donne des sons compris entre ut_0 et ut_1, le larynx humain, qui est un appeau de diamètre à peu près égal, qui a des parois mem-

---

(1) L'appeau dans lequel les oiseleurs aspirent pour appeler les oiseaux est un petit cylindre dont les bases rapprochées sont percées d'un trou central ; on peut faire un appeau avec un noyau d'abricot percé d'outre en outre sur le plat et vide de son amande. Savart a compliqué cet instrument pour lui donner la forme d'un larynx avec ses ventricules.

braneuses et humides et aussi peu tendues que possible, lesquelles ont été vues vibrantes, donnera facilement des sons
descendant au-dessous de ut_2, il donnera donc les notes ordinaires de la voix humaine, et les larynx exceptionnellement
grands donneront les notes plus graves des basses profondes.

Les dimensions des ventricules varient suivant l'espèce, le
sexe, l'individu. La hauteur des poches ventriculaires est
comprise entre 11 et 14ᵐᵐ.

La variation de forme et de dimensions des ventricules
détermine dans l'individu la hauteur des sons émis, cette
variation elle-même est déterminée par les *mouvements d'ensemble* dus aux muscles extrinsèques du larynx et par les
mouvements partiels dus à des muscles intrinsèques.

Mouvements d'ensemble du larynx. — Ces mouvements
sont incessants et multiples, l'organe est soumis à deux
groupes de muscles que l'on peut grouper en élévateurs et
abaisseurs.

Sous l'action de ces derniers, le larynx descend quand
nous inspirons, quand nous bâillons, quand nous produisons
une succion, enfin quand nous descendons la gamme, et tous
ces mouvements de l'organe s'exerçant sur les parties basses
du larynx, ont nécessairement pour effet d'accroître la distance entre les ligaments inférieurs et les supérieurs.

Le larynx remonte, au contraire, quand nous expirons,
ouvrons la bouche, montons la gamme. Dans l'action d'avaler
il remonte si haut qu'il se cache sous la base de la langue
qui résiste et qu'on ne le trouve plus dans la gorge ; nous
sommes bien obligés d'admettre que les ventricules, étant
comprimés supérieurement, s'aplatissent et diminuent de
capacité.

M. Guillemin conclut de là que l'abaissement du larynx
doit faciliter l'émission des sons graves et que son relève-
ment doit faciliter l'émission des sons aigus, ce qui est pleine-
ment confirmé par l'expérience et ce qu'aucune théorie autre
que la sienne ne permettait d'expliquer.

Ces mouvements se produisent dans le chuchotement même des voyelles, c'est pour *ou* que le larynx est le plus abaissé, pour *i* qu'il est le plus relevé, la succession étant la suivante $\frac{ou}{si_{5}_{3}}$ $\frac{o}{ré_{4}}$ $\frac{a}{fa_{4}}$ $\frac{e}{ré_{5}}$ $\frac{i}{si_{5}}$ (1). Ce fait important permet d'expliquer le genre de fatigue tout différent des orateurs et des chanteurs. Les premiers changent continuellement de voyelles et continuellement promènent leur larynx vers le haut ou vers le bas, fort souvent les seconds le tiennent longtemps immobile sur une même voyelle, la marche fatigue ou délasse autrement que la station.

Mouvements partiels du Larynx. — Je ne m'étendrai pas sur l'action des autres muscles thyroaryténoïdiens, crico-thyroïdiens qui agissent sur les cordes vocales et dont le gonflement et le raccourcissement ont pour effet constant de modifier la capacité et la forme des poches ventriculaires, d'épaissir ou d'amincir les parois de caisse de l'appeau, ce qui fait varier la hauteur du son. La mobilité des ligaments supérieurs, appelés fausses cordes vocales, joue un rôle analogue sur les variations du volume des ventricules, dont ils constituent les lèvres supérieures, au même titre que les vraies cordes en forment les lèvres inférieures ; le trille, le coup de glotte, si connus des chanteurs, paraissent résulter des mouvements de ces lèvres supérieures de la valvule où se détermine le tourbillon vocal. Mais ces mouvements ne sont pas des vibrations proprement dites de plusieurs centaines à la seconde, mais des alternatives des deux notes du trille de quelques centaines par minute ; ces lèvres ne sont pas le corps sonore, elles sont le mécanisme qui change les dimensions de l'appeau ventriculaire et permet au tourbillon aérien de cet appeau de sonner alternativement les deux notes du trille.

(1) M. Monnoyer, dans un récent mémoire, donne le vocable des 15 voyelles chuchotées de la langue française. (*C. R. Ac. des Sciences*, t. CXXVI, p. 1637).

Embouchure de flute des grands tuyaux d'orgue. — Ce tourbillon qui se développe dans les ventricules annulaires, est de la nature des anneaux tourbillons que l'on produit en lançant d'un coup sec de la glotte la fumée de tabac à travers l'ouverture arrondie de la bouche (1) ; leur vitesse rotative est, nous le verrons, très considérable (2), et pour produire une vibration réelle, ils doivent provoquer des interruptions successives des courants d'air, dont les cyclones ou boucles de Lootens nous donnent la claire explication dans la théorie que ce savant a donnée des embouchures de flûte des grands tuyaux d'orgue cubiques ou allongés, fermés ou ouverts.

Ces embouchures consistent, en définitive, en une ouverture rectangulaire découpée le long d'une arête et dont la base opposée à cette arête est taillée en biseau, le courant aérien est dirigé parallèlement au plan de cette ouverture, il pénètre dans le tuyau par l'arête et vient par suite de cette direction se briser, se diviser sur le biseau de la base supérieure du rectangle.

Le courant principal forme une nappe extérieure au sortir de l'embouchure, le courant dérivé forme à l'intérieur du tuyau une boucle, un cyclone cylindrique d'axe parallèle à l'arête embouchure et dont une dérivation nouvelle, intérieure, parcourt le tuyau d'orgue tout entier sous forme d'une

(1) Il est facile de se procurer un petit appareil pour reproduire les couronnes de fumée ou tourbillons annulaires des fumeurs. Les enfants savent construire, au moyen de six cartes à jouer recourbées en forme d'U suivant leur plus grande dimension, une boîte cubique non collée, dont les parois possèdent par suite une grande élasticité. On perce sur la face supérieure un orifice circulaire qui permet de la remplir de fumée qu'on laisse couler doucement de la bouche comme un liquide pesant. Saisissant alors la boîte entre le pouce et le medius des deux mains, on la maintient verticale et on donne, au moyen des index demeurés libres, de petits chocs très secs sur deux faces latérales opposées. On voit sortir de l'orifice à chacun de ces chocs une magnifique couronne de fumée.

(2) Ces conditions déterminées par M. Guillemin sont exactement celles que définissait Descartes.

nappe incurvée dont la génératrice demeure également parallèle à l'arête embouchure.

Occupons-nous de la boucle, sa génération est due, d'après M. Guillemin, à une cause bien curieuse et qui se rattache non pas comme on pourrait le croire à un phénomène de compression, mais à un phénomène d'aspiration, d'attraction. Quand on souffle par une ouverture verticale arrasant un plateau horizontal et percé en son centre, le courant principal exerce une attraction sur l'air environnant et l'on voit se dessiner dans le plan du plateau des courants dirigés vers son centre, vers le flux central de gaz insufflé. C'est cette aspiration, qui rentre dans l'ordre des phénomènes de l'injecteur Giffard et des autres aspirateurs de liquides ou de gaz, qui provoque un appel de l'air dirigé vers l'arête embouchure et dans le plan de la base du tuyau, et cet appel d'air détermine la formation de la boucle cyclonale.

Quelle que soit l'origine du courant dérivé tourbillonnaire de la boucle de Lootens, il parcourt à l'intérieur du tuyau une ellipse et revient vers l'embouchure où il sort en traversant le courant extérieur direct, le courant principal. Pour mieux dire, il se produit entre les deux nappes convergentes

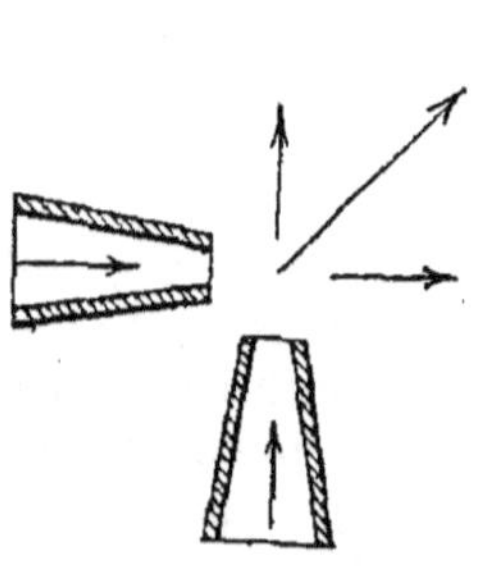

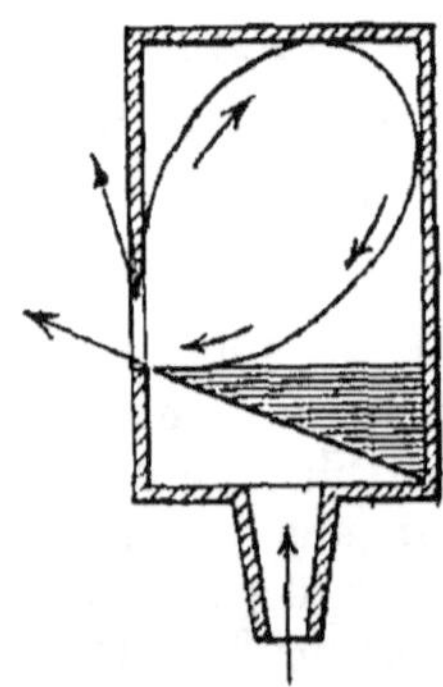

Fig. 32. — Papillon de gaz d'éclairage à jets confluents

Fig. 33. — Cyclone de Lootens dans le tuyau cubique de Savart

du courant extérieur et du courant dérivé tourbillonnaire un choc, et ces deux nappes, obéissant à la loi du choc de deux jets de gaz qui produit l'épanouissement du bec à gaz Manchester, forment une nappe unique plus ou moins inclinée sur le plan bissecteur des deux nappes cylindriques qui lui donnent naissance.

Si le phénomène était continu, permanent, il ne se produirait aucun bruit, mais on doit faire intervenir ici la résonnance et la vibration des parois, et alors l'intensité du courant dérivé éprouve des oscillations qui se renforcent peu à peu, la nappe Manchester s'incline plus ou moins sur la bissextrice des deux nappes qui l'ont constituée, elle balaye successivement l'espace d'un secteur compris entre ses positions extrèmes, absolument comme une lame d'acier vibrant perpendiculairement à son plan. Le nombre d'aller et retour, c'est le nombre de vibrations, c'est là hauteur du son. Le secteur compris entre les deux directions extrèmes, et qui est balayé constamment par la lame vibrante, est visible et on l'appelle le *secteur diaphane*. On le rend plus apparent encore en mêlant de la fumée à l'air de la soufflerie.

J'ai dit que la vibration des parois intervenait pour provoquer le départ du mouvement oscillatoire, il y a des tuyaux qui ne parlent qu'après avoir été ébranlés par un vigoureux coup de marteau.

Cette vibration longitudinale de la nappe des tuyaux peut être accompagnée d'une vibration transversale qui consiste dans l'épanouissement intermittent de la nappe sonore dans son plan. Les vibrations longitudinales sont indispensables, les vibrations transversales peuvent être supprimées par des oreilles limitant l'extension latérale de la nappe. Ces oreilles, qu'on peut faire tourner autour des côtés verticaux de la lumière rectangulaire de l'embouchure, sont employées par les facteurs pour perfectionner l'accord des tuyaux.

Dans les tuyaux ouverts, la pression intérieure évaluée à hauteur de la bouche est inférieure à la pression extérieure ambiante. C'est le contraire dans les tuyaux fermés, et cette différence est d'autant plus sensible que le tuyau est plus petit.

Des mesures manométriques ont également permis de reconnaître que l'extrémité d'un tuyau fermé était en équilibre de pression avec l'air ambiant, l'extrémité d'un tuyau ouvert est tantôt en équilibre, tantôt raréfiée ou comprimée, elle est donc le siège de courants variables, rentrant ou sortant ; ceci se rattache à la formation des cyclones, si le courant dérivé suffit à nourrir le cyclone, il n'y aura au sommet ni courant rentrant ni courant sortant ; si le courant dérivé fournit et au delà le cyclone, il y aura courant sortant ; si enfin le courant dérivé est insuffisant à nourrir le cyclone, il y aura appel au sommet et courant rentrant.

Quant à l'intérieur du cyclone cylindrique elliptique qui constitue la boucle de Lootens, tantôt il est raréfié comme l'œil du cyclone, tantôt comprimé comme celui de l'anticyclone, suivant qu'on a affaire à des tuyaux ouverts ou fermés, à des courants dérivés maigres ou bien nourris.

Les hauteurs des sons émis par des tuyaux de forme quelconque sont inversement proportionnels aux longueurs des boucles de Lootens inscrites dans ces tuyaux.

Il y a donc deux moyens de faire monter le son d'un tuyau, raccourcir la trajectoire de Lootens ou forcer le vent, et deux moyens de le faire baisser, allonger la boucle ou diminuer la vitesse du vent.

GROUPE DES SIFFLETS. — Les flageolets, ocarinas, clefs forées, sifflets à corps circulaires ou elliptiques des maîtres d'équipage de la flotte, sifflets à vapeur de locomotive, trompes de navires, rentrent dans la catégorie des instruments dont la théorie vient d'être développée, et leur fonctionnement résulte de l'interruption ou de la modification alternative d'un courant principal extérieur, par l'afflux d'un courant dérivé intérieur cyclonal.

Les cyclones des appeaux et des larynx rentrent également dans cette catégorie, mais dans les appeaux on ne peut constater que des vibrations que nous avons appelées longitudinales, et qui s'exercent dans le sens de l'écoulement de la nappe vibrante ; dans les larynx, les vibrations longitudinales sont modifiées et modérées par des vibrations transversales qui s'effectuent dans le sens d'épanouissement latéral de la nappe, dans son plan ou dans sa surface, normalement au déplacement. Dans les appeaux : 1° le son varie de plus de deux octaves par variation d'intensité du vent ; 2° il devient plus grave quand on augmente les dimensions de l'appeau ; 3° le ton baisse et le timbre change quand les parois des appeaux deviennent molles au lieu d'être rigides ou élastiques ; 4° enfin, pour un instrument donné, il y a un son qui sort plus facilement et plus intense que les autres ; 5° quand les bords du trou, sa forme et ses dimensions se modifient, le son éprouve des modifications. Toutes ces remarques s'étendent à l'émission de la voix par les ventricules de Morgagny.

Instruments a bocal. — Dans cette catégorie d'instruments aussi riche et aussi variée que celle des tuyaux, l'embouchure consiste en un court tuyau terminé par une cavité hémisphérique (trompettes, pistons, trombones, etc.) ou par un cône évasé (cors, altos, etc.) qu'on applique sur les lèvres et dans lesquels on souffle d'une façon spéciale.

On s'accorde généralement à dire que les sons rendus étant les harmoniques du tuyau qui suit l'embouchure, et les lèvres étant des anches membraneuses trop molles, elles ne peuvent commander la hauteur des sons rendus, et, par suite, obéissent au mode vibratoire imposé par la longueur du tuyau.

C'est une erreur, car un joueur exercé peut produire les sons au moyen de la seule embouchure. De plus, si on rétablit la continuité entre l'embouchure et son tuyau pendant qu'un son est ainsi obtenu, ce son persiste et ne fait que changer de timbre et de puissance. L'artiste peut même, s'il possède son embouchure, fausser légèrement les harmoniques du tuyau et les faire sonner plus haut que leur valeur théorique.

La génération des sons a lieu dans l'embouchure par un cyclone absolument analogue à celui qui produit les sons laryngiens. Les lèvres de la glotte sont remplacées par les lèvres de la bouche, et les ventricules de Morgagni par la cavité que limitent les lèvres et le bocal. Les cyclones se forment de chaque côté de la lame aérienne sortie de la fente labiale, et cette lame subit ainsi une compression périodique qui engendre un son, renforcé ensuite par le tube.

Pour lancer un son aigu, l'artiste fait pénétrer, en appuyant, ses lèvres dans le bocal et diminue sa capacité. Pour obtenir certains harmoniques graves, il relâche et entr'ouvre les lèvres. Il est même parfois nécessaire de mettre une embouchure plus vaste, car les sons graves correspondent à des boucles de Lootens d'une grande longueur, à des ellipses de grands diamètres.

Flutes et Fifres. — Le mode de génération du son est ici difficile à préciser, mais M. Guillemin pense que les joueurs soufflent non pas sur le bord du trou mais dans le trou lui-même. Il est probable qu'en frappant le fond de l'instrument le jet engendre deux cyclones inégaux, et cette dissymétrie expliquerait pourquoi tous les flûtistes sont loin d'avoir une embouchure également bonne. Ces différences frappantes tiennent à la nature spéciale des cyclones que provoque chaque artiste par son mode personnel d'insufflation.

Flammes chantantes. — Les flammes chantantes que produit un jet d'hydrogène brûlant dans un tube vertical de cristal, doivent leur sonorité à des tourbillons, et l'on détruit cette sonorité en coupant le tourbillon par une toile métallique. Les petites flammes fournies par un vent faible donnent des cyclones très courts, des sons aigus. Pour les longues flammes, le cyclone s'allonge et le son devient plus grave; ces cyclones sont annulaires et semblables aux tourbillons annulaires de la fumée de tabac, le gaz s'élève dans l'axe du tube et revient le long des parois vers la base de la flamme (1).

____

(1) On peut, sans risquer de se brûler la bouche ou les yeux, cueillir au moyen d'une boucle de Lootens la flamme d'une lampe ou d'une veilleuse brûlant au fond d'un verre cylindrique très profond. Il suffit d'arraser le plan supérieur du verre avec le sommet étendu de la main et de souffler tangentiellement à ce plan horizontal. Le courant horizontal détermine l'aspiration verticale de la flamme qui remonte tout le long de la génératrice intérieure du verre contigue à la main. L'air froid extérieur descend par la génératrice opposée. (Note de H. Parenty).

Instruments a corde. — Les oscillations de la corde produisent les mouvements saccadés du support et ces mouvements sont la cause du son. Dans le piano, le marteau qui est le propulseur déplace la corde qui est le transmetteur, et celle-ci, par des chocs rythmés, secoue périodiquement la table d'harmonie qui est le corps sonore. Ainsi celui-ci acquiert un mouvement saccadé qui est fort différent du mouvement vibratoire proprement dit, puisque chaque saccade, dans un sens ou dans l'autre, compte pour une vibration complète et non pour une demi-vibration. La corde oscillante du violon soulève et abaisse alternativement les deux pieds du chevalet, comme la corde du piano soulève et abaisse alternativement les deux extrémités de la table d'harmonie ; chacun des pieds du chevalet frappe donc sur la table supérieure et le rythme des deux chocs est réglé par la tension de la corde, par sa longueur et aussi par la position du point d'attaque de l'archet. Le choc du pied gauche produit un déplacement par saccade de la table supérieure, et le choc du pied droit produit, par l'intermédiaire de l'âme, un déplacement par saccade de la table inférieure ou fond, si bien que dans le violon, la table et le fond, qui sont rendus solidaires par les éclisses, agissent comme les deux extrémités de la table d'harmonie du piano.

On dira que les sursauts des deux extrémités de la table d'harmonie du piano sont sensiblement égaux, tandis que dans le violon la table vibre *évidemment* plus amplement que le fond, puisqu'elle est plus mince et reçoit le choc direct du pied gauche du chevalet, mais il faut penser à un détail de construction.

L'âme est située à neuf lignes de l'axe longitudinal du violon, comme le pied droit du chevalet, et à deux lignes plus bas que ce pied droit. Or, à neuf lignes de ce même axe, sous le pied gauche du chevalet, existe une sorte de seconde âme qui est non plus transversale mais longitudinale et que l'on appelle barre. Cette barre a dix pouces de long, deux lignes d'épaisseur, quatre lignes de hauteur dans son centre et va terminer ses deux bouts en mourant sur la table à laquelle elle est collée ; il n'est donc pas impossible qu'à cet endroit renforcé de la table, le pied gauche lui imprime des oscillations de même amplitude que celles qui sont transmises au fond par le pied droit par l'intermédiaire de l'âme.

Et c'est pourquoi la petite masse de plomb qu'on ajoute au chevalet, et qu'on appelle sourdine, empêche les cordes d'ébranler la lourde masse du chevalet, et réduisent les amplitudes des oscillations de ses deux pieds, produisant ainsi une profonde modification du son.

Les deux S des violons sont indubitablement des cratères qui lancent un panache vibrant à chaque vibration de la corde dite sonore. A leur tour, ces courants d'air intermittents doivent produire des tourbillonnements dans les couches d'air avoisinantes et ainsi de proche en proche. En conséquence, les masses d'air sonore à une certaine distance décrivent non des oscillations pendulaires mais des courbes formées, ce sont des tourbillons dont il faut étudier la nature pour connaître les phénomènes.

Le bruit du canon qui ébranle si fortement l'air et les poitrines est un phénomène simple dont les tourbillons peuvent être étudiés. Les sons réels naissent certainement d'une suite de bruits semblables bien que plus faibles et surtout moins prolongés (1). Mais le P. Mersenne, ami de Descartes, a bien trouvé jadis la loi des vibrations rapides des cordes sonores, en étudiant les oscillations lentes des grosses cordes non sonores ; cet exemple n'est pas à dédaigner. Et le tym-

----

(1) Il est difficile de ne pas créer un rapprochement entre ces paquets hétérogènes de vibrations sonores qui constituent le son musical et les paquets de vibrations électriques qui donnent naissance à l'onde hertzienne du télégraphe sans fil. On pourrait également trouver ici l'explication des *mistpœffers*, détonations sourdes perçues dans les plaines et sur le littoral de certaines régions. M. Ernest Van den Broock, qui les a étudiées en Belgique, les attribue à des ondes aériennes dont l'intermittence engendrerait, lorsqu'elle dépasse la fréquence de 40 par seconde, un son grave perceptible à l'oreille et semblable au bruit lointain du canon. (Note de H. Parenty).

pan humain et les autres tympans analyseurs de Helmholtz ne sauraient nettement discerner les harmoniques de ces sons formés de manière si complexe. La propriété de ces membranes est, en effet, de se disposer d'une manière définie non pour un son mais pour tous les harmoniques de ce son, de s'adapter comme le cristallin de l'œil. Et dans cet état ne nous fait-il pas faussement percevoir des sons accessoires qui n'existent pas.

Ainsi donc, la théorie du Dr Guillemin s'applique non seulement à la phonation mais à la formation des sons de tous les instruments à embouchure solide de sifflet, de trompette et de flûte. Au lieu de s'appuyer pour expliquer la voix humaine sur les énormes tensions des anches membraneuses, il fait intervenir les énormes vitesses des tourbillons gazeux, vitesses bien supérieures à celles des cyclones les plus violents de la météorologie.

Cagnard de la Tour a eu à sa disposition un homme affecté d'une fistule à la trachée, il a mesuré l'excès de pression de l'air trachéal sur l'air atmosphérique et l'a trouvé égal à 16^{cm} d'eau quand le sujet parlait, à 30^c quand il jouait de la clarinette. Or ces pressions se traduisent par des vitesses de 49^m pour l'air expulsé de la glotte, de 68^m pour l'air insufflé dans la clarinette. Les ouragans les plus violents n'ont jamais donné de vitesse supérieure à 40^m par seconde.

Mais ces vitesses de 49 et 68 mètres sont fortement dépassées dans les efforts les plus violents de la voix humaine, elles atteignaient 120^m par seconde avec une pression de 0^{m}945 d'eau ou 70^{mm} de mercure quand le sujet jetait un cri d'appel.

Tout le monde sait que les chutes du Niagara produisent un fracas immense et continu jusqu'à 80 kil. et qu'elles font trembler le sol environnant; hommes, barques, chargements de bois, tout ce qu'ont saisi ces rapides est pulvérisé, anéanti dans ce gouffre. Ces chutes géantes, dont la hauteur est de 50 mètres, donnent à l'eau du pied une vitesse théorique de 31 mètres par seconde. Pour arriver au vent de 68 mètres qui agite l'anche du clarinettiste, il faudrait une chute de

232 mètres dans le vide, mais pour arriver aux 120 mètres du cri d'appel, ce n'est pas par cinq, c'est par quinze qu'il faudrait multiplier la hauteur de la chute du Niagara. A la faveur de ces prestigieuses vitesses, on comprend sans peine qu'un jet d'air entraînant du sable soit doué de propriétés mécaniques si curieuses, et qu'il entame si facilement les corps les plus durs, métaux, verres, pierres, etc., contre lesquels on le projette.

« Hirn avait évalué la vitesse des écoulements aériens, pour de fortes pressions, à des valeurs fantastiques dépassant parfois 5 kil. par seconde et devenant même infinies. Fort heureusement, Hugoniot puis H. Parenty ont réduit ces envolées cosmiques à des dimensions plus terrestres, et ce dernier conclut (1) à la confirmation de ses « précédentes prévisions sur l'établissement, dans le débit limite, d'un régime uniforme à la vitesse du son », vitesse qu'il évalue pour l'air à 315 mètres à une température voisine de — 45° » (2).

Hauteur et Timbre. — Le son de la voix peut se comparer à celui d'une trompette complexe dans laquelle les ventricules de Morgagny et les cordes vocales remplaceraient le bocal de l'embouchure et les lèvres du joueur. La *hauteur* du son proportionnelle au nombre de tours de l'anneau tourbillon et, par suite, directement proportionnelle à la vitesse du vent, inversement proportionnelle à la longueur de la boucle de Lootens, peut être modifiée par la dilatation des ventricules, la résonnance réflexe des cordes vocales, l'humectation des parois. Les lèvres du joueur de piston, comme les cordes vocales, sont des anches membraneuses et en présentent le caractère et la résonnance, ces cordes sont noyées dans un milieu aérien qui s'écoule par saccades avec une énorme vitesse, c'est-à-dire qui vibre avec une furieuse énergie ; or, elles ne sont pas assez rigides pour résister aux

(1) *C. R. de l'Ac. des Sciences*, des 12 juillet 1886 et 22 janvier 1894.
(2) **Page 114 de la première édition du livre de M. Guillemin.**

secousses vigoureuses et périodiques que leur assène le cyclone ventriculaire qui les ébranle et le flot impétueux qui les baigne, elles doivent donc s'agiter et vibrer comme ce milieu lui-même, et il n'est pas étonnant que l'on ait pu mettre en évidence sur chacune d'elles une ligne nodale parallèle à la fente glottique et voisine de cette fente.

Le cyclone arrose et nettoie les ventricules, en chasse les mucosités, n'est-ce pas là le but des hem hem ! préliminaires qu'on a l'habitude de pousser lorsqu'on se prépare à parler ou à chanter ? Les cordes vocales supérieures, verticales et toujours lubréfiées sur leur tranche pendante, sont aptes à entamer le son, et elles jouent d'ailleurs un rôle secondaire mais important dans l'émission des *sons ventriculaires*. Elles interviennent dans le timbre et dans l'intensité. C'est par elles qu'on peut expliquer très simplement les sons de sifflets que rendent certains gosiers.

Je citerai parmi les éléments du timbre les résonnances des cavités pharyngiennes et buccales formant pour ainsi dire le tuyau, la trompette, dont les ventricules de Morgagny constituent l'embouchure, enfin les anticyclones qui se produisent à la sortie du jet gazeux et qui en renforcent la sonorité. Il résulte des belles expériences de M. Chauveau que le mouvement tourbillonnaire ou anticyclonal est seul susceptible de rendre des sons. Le courant continu rectiligne d'un gaz est absolument muet. C'est un anticyclone qui détermine le sifflement buccal.

Lorsque le courant d'air est aphone au sortir du larynx, il produit dans la bouche les bruits de chuchotement ou de sifflement que nous connaissons et, pour cela, sa vitesse n'a nul besoin d'être énorme, elle peut être inférieure à 2 mètres, ce qui correspond à une pression théorique de un quart de millimètre d'eau. Quant aux vitesses de 4 mètres, elles donnent un écoulement très fortement soufflant dans toute la longueur du tube qui, dans les expériences de M. Chauveau, a atteint 30 mètres.

Si les choses se passent ainsi lorsque le courant initial

ou excitateur est aphone, il ne nous semble pas possible de lui contester, lorsqu'il est déjà sonore, la faculté d'engendrer aussi des sons dans les cavités qu'il rencontre sur sa route. Lorsque le vent siffle à travers les branches d'un arbre, il ne perd pas la faculté de siffler parce qu'un oiseau chante, parce qu'un enfant crie dans le voisinage et fait vibrer préalablement le courant d'air avant qu'il rencontre les branches de l'arbre.

Nous devons donc admettre que les nombreuses cavités qui surmontent le larynx continueront à engendrer des sons propres, lorsque le courant d'air leur arrivera déjà sonore à sa sortie des ventricules de Morgagni, et les nouveaux sons qui se superposent ainsi au son ventriculaire n'auront avec lui aucune relation obligatoire quant à leur hauteur ; ils ne seront nullement tenus d'être ses harmoniques ou ses sons harmoniques, ils pourront être absolument quelconques, ou plus graves ou plus aigus ; et ils seront ordinairement plus aigus, vu la hauteur des sons de chuchotement et de sifflement dont nous avons parlé.

LE CORPS SONORE VIRTUEL. — La localisation du son dans l'anticyclone qui se produit dans les pavillons des instruments et de la voix humaine, l'incurvation concave ou convexe des surfaces d'ondes émises dans ces instruments donnent lieu à un corps sonore virtuel placé en avant ou en arrière, et défini par la convergence des rayons sonores.

Ces corps sonores sont en prison dans le basson caverneux, ils sont à l'aise dans le pavillon des trompettes éclatantes, et Gluck a pu réemprisonner et rendre caverneux les sons de deux cors en abouchant leurs pavillons l'un contre l'autre.

La position de ce corps sonore virtuel dans l'instrument n'est pas fixe, et il appartient au joueur habile de le déplacer en modifiant les courants de l'anticyclone et de produire ainsi des sons plus voilés ou plus clairs, plus doux ou plus éclatants.

C'est l'image affaiblie de ce qui se passe dans l'appareil

vocal humain. La voix engendrée dans les ventricules de Morgagny par les cyclones de Lootens, crée, sous l'épiglotte et dans le pharynx, des ondes sonores éminemment variables avec la forme de ces parties. Suivant que ces ondes pharyngiennes sont plus ou moins convexes ou concaves, le corps sonore virtuel, situé à leur centre de courbure, est localisé en des endroits divers ; il sera au sommet de la tête si l'onde est concave, il sera au fond de la gorge si l'onde est convexe, il descendra jusqu'au fond des bottes si l'onde est très peu convexe et se rapproche de l'onde plane.

Mais, à leur tour, en arrivant à la biffurcation nasobuccale, ces ondes vont se transformer encore. Laissons de côté les cornets du nez et ne nous occupons que de a bouche. Il est visible que cette cavité agit comme pavillon, et tout changement de forme de ce pavillon créera des ondes sonores spéciales dont la courbure sera caractérisée au sortir des lèvres. En remontant au corps sonore virtuel, situé au centre de courbure de ces ondes, on le trouvera dans différentes parties de la tête, soit même dans la nuque ; et s'il se découvre au-dessus de la voûte palatine il y aura *réverbération du son.*

En particulier, si la bouche est largement ouverte comme le pavillon des cors, le corps *solide virtuel* sera situé dans la bouche même, d'où cette expression que l'on chante *dans le masque* , si l'onde sortante est plane on pourra dire que la voix *porte*, c'est-à-dire se fait entendre au loin, mais si elle est convexe, on chantera *de la gorge*, ou la voix sera *mal placée*, etc.

Enfin, quand on voit les modifications de la forme du larynx ou de la bouche amener de si forts déplacements du corps sonore virtuel, le seul qu'on entende, retenir ce corps vers l'orifice buccal, le faire passer en avant ou en arrière, le rejeter à droite ou à gauche, le localiser dans la tête ou dans le ventre, ne semble-t-il pas tout indiqué de chercher dans ces faits l'explication des bizarreries vocales qui nous étonnent dans les ventriloques.

Cette remarquable conception du corps sonore virtuel est

la conséquence et pour ainsi dire l'application d'un fait que je mettais en lumière en 1891 et qui concerne la forme de l'onde dessinée au sein du cyclone formant le jet gazeux de divers orifices placés sur une chaudière en pression, onde qui prend à la limite la vitesse du son correspondant à sa température, et doit ainsi être comparée aux ondes sonores.

« J'admets, disais-je, que la convergence des masses
» gazeuses vers un point unique y détermine sinon une
» variation d'énergie du moins une transformation de la
» vitesse en calorique permanent. Si ce point, dans les ori-
» fices contractés, se place à l'amont du col, la masse
» stagnante amont s'échauffe, l'onde placée à la tranche de
» l'orifice peut alors supporter sans se régulariser (sans *se*
» *rompre*), une plus basse pression ; si dans les orifices con-
» vergents il se produit à l'aval, le gaz franchit l'orifice avec
» toute son énergie (1).

» Les éléments de cette onde, placée à la tranche des ori-
» fices de toutes natures, prennent d'ailleurs normalement à
» sa surface une vitesse qui à sa limite, au moment de la régu-
» larisation, devient égale à la vitesse de la propagation des
» ondes sonores dans le fluide à la température T_1 qu'il pos-
» sède alors, ce qui justifie l'existence *d'un centre de com-*
» *pression* spécial à chaque orifice. Ce centre est placé au
» sommet de l'orifice conique de 13° ; l'onde de surface
» $m = 1,0373$ est sphérique et concave, cette forme, rigou-
» reusement sphérique, paraît être particulière à cette ou-
» verture spéciale de 13°. Le centre est rejeté à l'infini pour
» l'orifice adiabatique, l'onde de surface $m = 1$ est alors
» plane. Enfin, il part de l'infini amont pour les orifices con-
» tractés, l'onde de surface $m < 1$ est alors convexe. » (Voir
fig. 4, page 112) (2).

Pour changer la courbure d'une onde sonore, il suffit de

(1) H. Parenty, *C. R. Ac. des Sciences*, 7 décembre, 1891, t. CXIII, p. 790.

(2) H. Parenty, *C. R. Ac. des Sciences*, t. CXVII, p. 160.

transformer l'orifice de coefficient $m > 1$, cônes convergents compris entre les angles 0° et 26° et doubles cônes convergents divergents, en un orifice de coefficient $m < 1$, orifices percés dans une mince paroi, et c'est précisément ce que l'on fait en acoustique au moyen des sourdines, ainsi que le constate le Dr Guillemin : « Mais parfois dans les grands pa-
» villons évasés on introduit des sourdines ; elles consistent
» essentiellement en des écrans circulaires percés d'un trou
» central, qui s'adaptent à peu près contre le cône intérieur.
» Le corps sonore est alors relégué derrière l'écran, et sa
» sonorité se trouve grandement diminuée et assourdie. »

Et c'est, à mon avis, par un artifice du même genre que l'orchestre de Bayreuth est recouvert d'une voûte présentant à sa clef une ouverture de quelques pieds seulement. Cet orifice a pour effet de créer le corps virtuel sonore du docteur Guillemin en un point déterminé où se condense et prend naissance le tourbillon harmonieux de l'orchestre caché.

On pourrait multiplier ces points de contact entre les tourbillons qui engendrent les sons et les tourbillons qui constituent les débits. Les uns et les autres ne diffèrent que par une intermittence plus ou moins périodique. Et c'est la gloire de M. Guillemin d'avoir considéré, pour la première fois, les sons à ce point de vue dynamique, d'avoir compris qu'ils étaient dus, comme le prétendait Descartes, à des mouvements tourbillonnaires qu'il faut s'efforcer de décomposer en leurs éléments et étudier à l'état de très petits mouvements, de minuscules tourbillons engendrés par les éléments générateurs des sons : vibrations ou saccades, dans l'air atmosphérique qui les reçoit et les compose.

§ XV

Ondes sonores et tourbillons résonnants.

L'établissement de plages périodiquement alternées de compression et de dilatation ne suffit donc pas à rendre sonore les nappes continues d'un tourbillon aérien. Le corps gazeux *mobile* ainsi constitué occupe en effet un emplacement invariable dans un milieu *immobile*, incapable dès lors d'agiter notre oreille.

Nous avons démontré que la limitation de la vitesse des jets gazeux à la vitesse de la propagation des ondes sonores de même température, avait eu pour effet de transformer une partie de leur *mouvement* de transport en *agitation*, de leur énergie cinétique en énergie vibratoire, et de créer ainsi, dans l'axe des orifices, un collier visible de concamérations équidistantes de profil invariable, et que le Dr R. Emden compare par le calcul à une onde plane *stationnaire sonore* de même période (fig. 19, p. 129).

Une telle onde peut, en vérité, posséder l'énergie vibratoire correspondant à la portion disparue de l'énergie cinétique du gaz qui s'écoule, mais elle est parfaitement *muette ;* et ce n'est pas, ainsi que le soutient cet auteur, parce que le nombre de 30 mille à 3 millions de concamérations axiales observées par lui sur une longueur égale aux 300 mètres de la vitesse du son dans l'air, dépasse le nombre de 25 mille vibrations limitant la hauteur des sons perceptibles. En portant leur intervalles λ au delà de 10 $^{m/m}$ par une augmentation convenable du diamètre de l'orifice ou de la pression initiale, on en pourra réduire à volonté le nombre, mais on n'arrivera jamais à faire *parler* une onde *stationnaire*, dont le volume et la superficie demeurent invariables, et dont la matière ne saurait dès lors communiquer aucune de ses vibrations internes au milieu ambiant, puis à notre oreille.

Toutefois une masse gazeuse peut emprunter à l'oscillation d'une autre masse gazeuse ou d'un corps solide rencontrés sur son passage, ce *tremblement*, ce *tour et retour* caractéristique du son cartésien, et l'emporter dans son mouvement varié, de quelque nature qu'il soit. Ainsi la couche aérienne condensée à la pointe d'un obus animé d'une vitesse supérieure à la vitesse du son, vient porter à l'oreille d'un observateur placé au but, et quelques secondes avant l'habituelle propagation atmosphérique du son, les bruits violents de la décharge qu'elle a perçus, dont elle s'est imprégnée pour ainsi dire à la sortie du canon (1). Ainsi la brise murmurait, sur le passage d'un roi Phrygien, le secret qu'elle avait au loin surpris dans les roseaux d'un marécage :

Midas, le roi Midas a des oreilles d'âne.

Si de plus la masse sonore affecte en son mouvement tourbillonnaire une des formes régulièrement variées de cette étude, le *tremblement,* la *vibration* initiale, pourra, suivant le degré de concordance des périodes, renforcer ou combattre les concamérations constitutives du courant stationnaire. Ce courant, muet par lui-même, deviendra ainsi pour de certains sons d'une hauteur déterminée, et par une variation rythmée de ses dimensions dans l'espace ambiant, un résonateur de puissance proportionnée à son mouvement et à sa masse.

Et nous verrons aussi de semblables cyclones résonateurs, des *rayons* animés de bien plus grandes vitesses que les *jets limites,* transporter, renforcer ou éteindre ces mouvements rapides de la *matière des cieux* que nous appelons électricité, chaleur, actinisme et lumière.

§ XVI

Un désaccord musical : Descartes et Isaac Beeeman

Un mélomane qui s'improvise historien de Descartes a double excuse auprès de ses lecteurs de s'être longuement attardé sur ce problème palpitant d'intérêt, de la voix humaine.

Descartes, l'inventeur des tourbillons qui forment la base de l'acoustique moderne comme de toutes les autres sciences modernes, était un musicien consommé et un acousticien. Il écrivit en 1618, à l'âge de 22 ans, un traité de la musique auquel il attachait une extrême importance et qui contenait

(1) Ne faut-il pas attribuer les effets explosifs bien connus des balles de tir rapide à la pénétration, à l'éclatement dans les tissus, dans la cervelle en particulier, de cette masse aérienne condensée à leur pointe ?

des notions diverses sur la génération physique des sons et spécialement sur la vibration des cordes et les mouvements sonores aériens. C'est ce que nous apprend sa correspondance avec Isaac Beecman, un savant de Bréda, qui revendiquait la priorité de certaines conceptions acoustiques empruntées à Aristote, du moins Descartes le prétendait. On voit donc en passant que le Père Mersenne, même aidé de Descartes, n'a pas inventé du tout au tout la théorie de la vibration des cordes, même en voyant, comme le raconte M. le Dʳ Guillemin, les vibrations lentes des grosses cordes de son clocher. Aristote avait, avant lui, fait cette observation. *Magister dixit.*

Mais revenons à notre Isaac Beecman. On sait que le prince Maurice de Nassau traînait après lui une armée de savants et de mathématiciens, et le jeune Descartes était du nombre; un jour il aperçoit, à Bréda, une affiche en flamand qui renfermait des signes géométriques, il prie aussitôt un de ses voisins de la lui traduire en français ou en latin. C'était un problème de géométrie dont on défiait de donner la solution. Beecman, le traducteur, crut se moquer de Descartes en lui demandant d'apporter le lendemain même une solution, ce à quoi le jeune officier ne manqua point. Il continua à fréquenter, pendant son séjour à Bréda, Isaac Beecman qui était professeur de mathématiques en cette ville et qui, précieuse ressource pour l'officier français, ne connaissant naturellement pas le flamand, savait baragouiner le latin. Descartes, en quittant la Hollande, lui confia le précieux manuscrit sur la musique, et Beecman s'en étant bien pénétré se vanta partout d'avoir enseigné à Descartes l'art difficile de la musique. C'est à cette amusante prétention que répond l'épître suivante de Descartes à son contradicteur, et qui nous donne la notion nette de ce qu'on peut appeler une lettre roide :

« Septembre 1630.

(Traduction.) « Je différais de répondre à ce que vous m'avez écrit dernièrement pour ce que je n'avais rien à vous dire que

je crusse vous devoir être fort agréable, mais aujourd'hui que
je m'y vois invité par celui-là même qui est associé avec vous
au rectorat, je vous dirai librement ma pensée ; car si vous
aimez la vérité, et si vous êtes sincère, la liberté de non discours vous sera plus agréable que n'aurait été mon silence.

» Je vous redemandai, l'année dernière, mon Traité de
musique, non pas à la vérité que j'en eusse besoin, mais
pour ce qu'on m'avait appris que vous en parliez comme si
vous me l'aviez apprise ; toutefois, je ne voulus point vous en
écrire aussitôt, de peur de paraître défiant si je doutais de
la fidélité d'un ami sur le rapport d'autrui. Mais maintenant
que par plusieurs témoignages j'ai reconnu que vous pré-
férez une vaine ostentation à la vérité et à l'amitié qui a été
jusques ici entre nous, je veux vous donner ici un petit mot
d'avis qui est que si vous vous vantez d'avoir enseigné
quelque chose à quelqu'un, encore que ce que vous dites soit
véritable, cela ne laisse pas d'être odieux ; mais si ce que
vous dites est contre la vérité, il est encore plus odieux, et
enfin si vous avez appris de lui la chose même que vous
vous vantez de lui avoir apprise, certainement cela est tout à
fait odieux. Mais sans doute que la civilité du style français
vous a trompé, et que vous ayant souvent témoigné de
bouche et par écrit que j'avais appris plusieurs choses de
vous et que j'espérais même encore tirer beaucoup de profit
de vos observations, vous n'avez pas cru me faire tort de
confirmer par vos discours une chose que je ne faisais point
de difficulté de publier moi-même. Quant à moi, je me soucie
fort peu de tout cela, mais la déférence que j'ai encore pour
notre ancienne amitié, m'oblige à vous avertir que lorsque
vous vous vantez de quelque chose de semblable devant ceux
qui me connaissent, cela nuit beaucoup à votre réputation ;
car ne pensez pas qu'ils croient rien de tout ce que vous leur
dites, mais croyez plutôt qu'ils se moquent de votre vanité ;
et il ne vous sert de rien de leur montrer les témoignages
que j'en donne dans mes lettres, car il n'y en a pas un qui ne
sache que j'ai même coutume de tirer instruction des fourmis

et des vermisseaux ; et ils ne croiront jamais que j'aie pu rien apprendre de vous, si ce n'est de la même manière que j'ai coutume d'apprendre les moindres choses de la nature. Si vous prenez ceci en bonne part, comme vous le devez, je n'appellerai le passé qu'une erreur et non pas une faute, et cela n'empêchera pas que je ne sois comme auparavant votre serviteur. *Vale.* »

Et Isaac Beecman le prit en mauvaise part ! ! !

§ XVII

Création et mutation de la matière des corps par le mouvement

Comme M. Janssen l'a fait remarquer dans son ouvrage sur la chronologie des créations stellaires, la spectroscopie nous indique l'âge des étoiles. La théorie des tourbillons nous expliquerait pourquoi les spectres changent d'aspect d'après le temps écoulé depuis leur création.

Nous avons vu dans le § II de ce chapitre, le physicien W. Thomson attribuer à des anneaux tourbillons, à des vortex, la création des *atomes* matériels insécables qui constituent les corps et dont les dimensions, les formes, les vitesses et sens de rotations, peuvent offrir l'infinie variété des corps simples. Ces vortex s'approchent les uns des autres comme si des actions s'exerçaient à distance de l'un à l'autre. Ces actions constituent les affinités, ce sont des forces fictives, résultant des pressions que les anneaux tourbillons engendrent dans l'éther ambiant. Cette théorie équivaut pratiquement à celle de Zenger (1), qui substitue toutefois au mouvement réel de ces atomes la torsion moléculaire qu'ils ont empruntée aux mouvements prolongés de l'éther, et déduit de cette torsion la différence électrochimique des corps simples.

La science revient ici purement et simplement à l'hypothèse de Descartes concernant la matière électrique, les

____

(1) Zenger, *Le Monde électrodynamique*. Paris, Carré, 1893.

parties cannelées, orientées à la façon d'un coquillage dans le sens direct ou indirect suivant qu'elles proviennent de l'un ou l'autre pôle du tourbillon qui les a formées. Les parties cannelées produisent les taches du Soleil (ou des étoiles).

« Lorsque la matière du premier élément (élément lumi-
» neux) compose le corps du Soleil ou de quelque étoile, tout
» ce qu'il y a en elle de plus subtil n'étant point détourné
» par la rencontre des parties du second élément (matière
» transparente des cieux), s'accorde à se mouvoir tout en-
» semble fort vite ; ce qui fait que les parties cannelées (élec-
» triques) et plusieurs autres un peu moins grosses qui, à
» cause de l'irrégularité de leurs figures, ne peuvent recevoir
» un mouvement si prompt, sont rejetées par les plus sub-
» tiles hors de l'astre qu'elles composent, et *s'attachant fa-*
» *cilement les unes aux autres, elles nagent sur sa superficie,*
» *ou perdant la forme du premier élément (matière chaotique*
» *ignée), elles acquièrent celle du troisième (matière chimique-*
» *ment organisée, gazeuse, liquide ou solide),* et lorsqu'elles
» y sont en fort grande quantité, elles y empêchent l'action
» de sa lumière, et ainsi composent des taches semblables à
» celles qu'on a observées sur le Soleil : ce qui se fait en
» même façon et pour la même raison qu'il sort ordinaire-
» ment de l'écume hors des liqueurs qu'on fait bouillir sur
» le feu, lorsqu'elles ne sont pas pures ou qu'elles ont des
» parties qui, ne pouvant être agitées par l'action du feu si
» fort que les autres, s'en séparent, et en s'attachant facile-
» ment ensemble, composent cette écume. »

Ainsi donc, en précisant le langage de Descartes, le mouvement tourbillonnaire qui a réparti la matière chaotique
inorganisée entre deux éléments dont la nature est la même,
et qui ne diffèrent que par leur agitation, c'est-à-dire leur température, à savoir la matière transparente des cieux et la
matière lumineuse centrale des tourbillons, ce mouvement
tourbillonnaire, dis-je, a quelque tendance à *organiser* un
troisième élément, la matière des corps, gazeuse, liquide,
solide, qui ne diffère des deux autres que par la stabilité de

son orientation. Ce sont les parties cannelées dont le passage à travers les autres éléments donne naissance aux manifestations électriques. La première organisation donnée à la matière chaotique est donc une torsion semblable, selon Descartes, à celle d'un coquillage, et ce noyau de matières cannelées assez enchevêtré, nous dirions aujourd'hui assez condensé, pour ne pas suivre les mouvements si rapides des deux autres éléments, est roulé par ces éléments à la façon d'une écume, rejeté à une certaine distance du centre où il va donner naissance à la matière des corps. La série des corps simples prend naissance, se développe, et la matière des nébuleuses primitives ne renferme que quelques corps simples, l'hélium, l'hydrogène. Le Soleil, plus vieux, est aussi plus riche dans cette nomenclature, mais il ne possède pas encore tous les corps simples répandus à la surface de notre vieux globe caduc, et surtout peut-être de son satellite lunaire plus décrépit encore. De même aussi, certains corps simples fort répandus dans les nébuleuses et même dans le Soleil, ainsi que nous le montre la spectroscopie, sont devenus fort rares sur notre globe. Ainsi l'hélium, ce frère germain de l'hydrogène.

On arriverait à dire que des corps simples peuvent encore se produire sous nos yeux, et de même que nous assistons à la formation d'astéroïdes, de satellites, de planètes et de comètes, nous pourrions voir se former des corps simples, créés dans la période géologique actuelle et prenant place dans la série des éléments de notre globe.

Il me semble indispensable d'ajouter qu'il doit exister dans ce degré de torsion de la matière chaotique certaines positions d'équilibre plus particulièrement stables. La théorie des nombres paraît avoir quelqu'étroite connexion avec ces valeurs d'équilibre qui ont donné lieu à la série des équivalents et des autres nombres qui spécifient la matière. Une récente école anglaise, celle de Crookes, a pu, par des artifices aussi ingénieux que pénibles, déranger quelque peu la matière de cette position d'équilibre, et obtenir, à de très courtes distances de valeurs d'équivalents, plusieurs échantillons formant une série pour ainsi dire continue des métaux, erbium, yttrium, etc., dont les oxydes constituent ce que nous appelons les terres rares, et je vois dans cette extension de continuité du « spectre » de la matière organisée une raison à l'appui des théories de Descartes et de M. Zenger sur l'origine tourbillonnaire de sa formation, de sa spécification.

M. Zenger a démontré dans un mémoire : *Beitræge zur Molecular-physik, Abhandlungen der k. boehm. Gesellschaft der Wissenschaften, Prag. 1881,* qu'on peut former des groupes naturels des éléments chimiques en les classant d'après le produit de leur chaleur spécifique C et de leur poids spécifique S. En effet, le produit CS qui prend des valeurs très différentes, reste à peu près constant pour les corps simples dont les qualités chimiques et physiques sont semblables.

C'est ainsi que les métaux magnétiques se groupent comme il suit :

$$\text{Manganèse} \dots\dots\dots \quad 7,206 \times 0,1277 = 0,877$$
$$\text{Fer} \dots\dots\dots\dots \quad 7,790 \times 0,1138 = 0,887$$
$$\text{Nickel} \dots\dots\dots\dots \quad 8,660 \times 1,086 = 0.910$$
$$\text{Cobalt} \dots\dots\dots\dots \quad 8,512 \times 1,070 = 0,940$$

les métaux précieux font trois autres groupes comme suit :

$$\text{Argent} \dots\dots\dots\dots \quad 10,567 \times 0,05701 = 0,602$$
$$\text{Or} \dots\dots\dots\dots \quad 19,315 \times 0,03243 = 0,626$$
$$\text{Ruthénium} \dots\dots\dots \quad 11,300 \times 0,0611 = 0,690$$
$$\text{Platine} \dots\dots\dots\dots \quad 21,146 \times 0,0323 = 0,693$$
$$\text{Osmium} \dots\dots\dots\dots \quad 22,470 \times 0,03113 = 0,699$$
$$\text{Palladium} \dots\dots\dots \quad 12,050 \times 0,05920 = 0,717$$
$$\text{Rhodium} \dots\dots\dots \quad 12,410 \times 0,05803 = 0,720$$
$$\text{Iridium} \dots\dots\dots\dots \quad 22,200 \times 0,03230 = 0,744$$

Comme le fer, le manganèse, le nickel, le cobalt se trouvent toujours ensemble et dans les mêmes couches géologiques, nous trouvons aussi l'or et l'argent toujours ensemble, et le même fait s'observe pour les métaux du groupe du platine.

On peut donc dire que les corps simples d'une même famille réunissent dans l'unité du volume plus de matière à mesure que leur chaleur spécifique devient plus petite. C'est une loi générale groupant les éléments polymorphiques comme le carbone, le bore, le silicium, le soufre, le sélénium, le phosphore et l'arsenic.

Pour obtenir la transformation des corps simples d'une même famille les uns dans les autres, il suffirait de même de remonter à la haute température de formation de ces corps, température qui est identique pour toute la famille. L'industrie pourrait ensuite diriger la formation de la matière vers le but désiré, créer à volonté l'or ou l'argent, le diamant, le graphite ou le carbone, le soufre α ou β, etc... — Depuis la publication de cet ouvrage de M. Zenger, le problème a été résolu pour les carbones par la méthode ignée du four électrique de M. Moissan.

On a aussi récemment parlé beaucoup de la découverte de l'*argentaurum*, par le docteur Emmens. Ce résultat de la transmutation des métaux n'exigerait, en vérité, comme on le voit, que l'accès d'une température fréquente encore dans les jeunes nébuleuses où l'or n'a pas encore fait son apparition, mais très rare et très difficile à obtenir dans notre vieux monde. En tous les cas, le grand feu de l'alchimie était véritablement une méthode rationnelle pour parvenir au résultat tant désiré, si inutile, en vérité, pour notre bonheur, de la transmutation des métaux. La méthode ignée, du reste, n'est peut-être pas la seule, et rien ne dit que la science n'arrivera pas à tourner cette insurmontable difficulté d'obtenir une température stellaire dans les fourneaux de nos modestes laboratoires terrestres.

« La fin du monde, dit M. Zenger, comme la fin de la vie organique, proviendra, sans doute, d'une diminution de plus en plus rapide de l'énergie des tourbillons cosmiques d'origine électrique lancés par le Soleil dans l'espace qu'il remplit encore de sa chaleur et de sa lumière, ils compriment et condensent la matière qui compose son système, mais, dès que cesse leur énergie, le mouvement rotatoire et translatoire des corps du système solaire doit aussi cesser, et l'énergie, emmagasinée pendant des millions d'années dans la matière, doit provoquer l'explosion des molécules des corps et les dissiper dans l'espace céleste, formant de nouveau l'une de ces nébuleuses qui ont donné naissance au système solaire. »

J'aurais aimé à voir ici M. Zenger attribuer à sa curieuse condition de transmutabilité des corps simples solides, la formule toute cartésienne d'égalité du volume atomique (1). Descartes aurait très certainement écrit : *Il est aisé de transformer l'un dans l'autre, par une agitation suffisante, les corps dont les petites parties ont même grandeur.*

Pour les corps simples gazeux, cette égalité du volume occupé par les atomes (2) ou plutôt du nombre des atomes répartis dans un espace donné, dans des conditions également données de température et de pression, est un fait général et forme la base de la *théorie cinétique des gaz* dont il ne reste véritablement debout aujourd'hui que la *chimie atomique*. Elle a conduit à scinder l'ancien équivalent de l'hydrogène et à concevoir une molécule stable de ce gaz, formée de deux atomes au moins (3). Personne n'oserait soutenir que

---

(1) Cela résulte de la loi de Dulong et Petit concernant la chaleur spécifique et le poids atomique des corps simples solides. Soit C la chaleur spécifique, S la densité, A et V_A le poids et le volume atomiques, on a pour chacun des groupes de M. Zenger :

$$CS = K_1 \quad \text{(Zenger)}$$
$$CA = K_2 \quad \text{(Dulong et Petit)}$$
$$A = V_A S. \quad (p = vd)$$

d'où l'on tire :
$$V_A = \frac{K_2}{K_1} = K_3$$

(2) Cette hypothèse fut émise pour la première fois par Avogrado en 1811.

(3) Les atomes des corps simples à l'*état libre* semblent être maintenus dans le groupement de leur molécule par une force qui combat et affaiblit leurs affinités. En détruisant momentanément cette force, l'*état naissant* les isole et leur permet ainsi d'entrer en de certaines combinaisons. L'action de la lumière, qui donne lieu par exemple à la combinaison du chlore et de l'hydrogène, produit un semblable effet de désagrégation des molécules en leurs atomes.

ces atomes eux-mêmes, dont la dimension est finie, quoique fort petite, soient indivisibles. On admet qu'ils puissent comporter des atomes d'ordre supérieur beaucoup plus petits qu'eux, mais encore finis et divisibles. Et la limite de ce fractionnement indéfini de la matière des corps, c'est la matière des cieux, l'éther, le *chaos*, ancètre commun de toutes les substances corporelles. Descartes est encore ici le maître de notre science (1).

Aussi bien que les Autrichiens et Zenger, les Allemands, plus éclairés peut être et certainement plus justes que nous-mêmes, font remonter à Descartes la théorie moderne du *dynamisme* et de l'*affinité* chimiques. Qui ne reconnaîtrait l'enchaînement des particules électriques *cannelées* qui tourbillonnent et s'enchevètrent pour constituer la matière des corps, en ces *atomes tourbillons* dont Helmholtz composa les anneaux et tubes indestructibles qu'après lui Rankine et Thomson répandirent à profusion dans l'univers ?

§ XVIII

Transmission du mouvement vibratoire des divers agents

On me permettra de tirer de l'application des principes de Descartes aux quelques phénomènes étudiés en ce livre, une conception figurative et schématique de la transmission du mouvement vibratoire d'une masse échauffée au maximum et donnant lieu, par là même, à l'émission d'un spectre continu que nous attribuons dans l'ordre optique à la lumière naturelle. Cette masse ne peut être réduite à des dimensions géométriquement nulles, et il n'y a lieu d'attribuer aucune loi de périodicité au mouvement qu'engendre son incandescence, et dont nous savons seulement qu'il est excessivement rapide et s'étend à toutes les directions. Et si maintenant

(1) Lothar Meyer, *Théories modernes de la Chimie*, t. II, p. 12. traduction Bloch et Meunier ; Georges Carré, 1889. O. E. Meyer, *Kinétische Théorie der Gaze*, p. 244.

nous admettons avec Descartes l'existence d'une matière
élastique et continue que nous supposerons arbitrairement
en repos, nous pourrons y tracer par la pensée une ligne
droite qui nous rattache à ce foyer de mouvement. Sur cette
ligne droite idéale, la matière soumise à des alternatives de
compression et de dilatation, prend un mouvement quelconque, dépourvu d'orientation et de périodicité, un mouvement tourbillonnaire, suivant la définition de Cauchy. Il convient d'ajouter que la même propagation aura lieu dans
toutes les directions, et qu'en raison de la continuité de la
matière tous ces mouvements réagiront les uns sur les autres. Nous isolerons cependant par la pensée, ce n'est là
qu'une image, cette direction axiale de notre rayon visuel
dont chacun des points prendra autour de sa position d'équilibre un mouvement dont nous savons simplement qu'il est
unique, spiraloïde, et, de plus, que les spires sont excessivement voisines les unes des autres.

Ce mouvement est unique, car un point matériel ne peut
prendre simultanément deux déplacements ; spiraloïde, car
les masses en mouvement des directions voisines enserrent
celle du rayon visuel considéré, réagissent sur leurs mouvements et les ramènent vers leur axe ; enfin, les spires
sont excessivement voisines en raison de la rapidité du mouvement initial, et aussi de l'impénétrabilité des masses contiguës qui les oblige à suivre des chemins sensiblement parallèles. Aucune loi de périodicité ne définit le pas et le rayon
de ces spires, c'est-à-dire la longueur d'onde et l'intensité,
le sens et l'orientation de leur mouvement, elles montent ou
descendent, vont à gauche ou à droite. L'impénétrabilité de
la matière nous autorise toutefois à leur attribuer, au moins
sur une hauteur très faible et pendant un instant très court,
un sens et une orientation déterminés. La matière n'éprouve,
du reste, aucun écoulement réel, aucun transport, mais une
agitation dont la forme gauche, non fermée, peut se représenter par l'enroulement enchevêtré de nos pelottes de fil à
coudre. Chaque spire comprise entre deux passages de la

même masse au même méridien, représente une oscillation complète, c'est l'image réduite de l'orbite planétaire qui n'est elle-même après tout qu'une vibration dans l'immensité des espaces, un battement dans l'éternité des temps.

Le mouvement ainsi propagé suivant le rayon visuel de l'observateur, ne possède à proprement parler aucune propriété spéciale, cathodique, actinique, lumineuse, calorifique, magnétique ou sonore ; ou plutôt il les renferme toutes. Pour mettre ces propriétes en évidence il suffirait de mener, à des distances convenables, des plans perpendiculaires au rayon visuel, et de supposer que ces plans, que nous ferons mouvoir avec la vitesse de la propagation, ont acquis la propriété de condenser le mouvement spiraloïde, tout au moins de le renforcer. Et par ce procédé théorique nous révélerons les manifestations correspondantes à chacun des écartements de plans, nous aurons ainsi créé dans chaque cas, au lieu d'une surface spiraloïde irrégulière et enchevêtrée, une sorte de chapelet dont les grains sont équidistants, dont la chaîne se déroule suivant notre rayon visuel. Ce chapelet, à son tour, peut être remplacé par une hélice de pas régulier, que nous substituerons à l'hélicoïde primitif et qui nous donnera les effets d'une lumière simple de vibration déterminée.

La présence des milieux où s'agite le rayon de lumière naturelle semble donner lieu précisément au phénomène bizarre que nous venons de définir. L'éther est apte à transmettre les vibrations élémentaires cathodiques, les plus rapides de toutes ; les corps transparents, la lumière ; les métaux, la chaleur et l'électricité; les gaz, l'onde hertzienne et le son, qui correspondent à des vibrations très lentes. Descartes a même eu l'audace de définir un mécanisme de cette production des spires régulières de la matière cannelée. Les boules de grandeur uniforme de la matière qui constitue le milieu de leur formation, sont juxtaposées, et la matière la plus fluide et la plus ténue vient se laminer dans leurs intervalles géométriquement disposés, de façon à donner des raclures hélicoïdales de pas constant et d'orientation déterminée. Ce n'est là qu'une image ; elle nous fait comprendre cependant que chaque matière transparente puisse laisser passer les agitations cannelées, dont le pas soit en harmonie avec les divers ordres d'arrangement et de succession des intervalles géométriques de ce *crible filière ;* et aussi que certaines agitations, en nombre infini, soient absorbées par le choc des boules du milieu traversé, et que ces boules elles-mêmes en prennent le rythme. Or, l'expérience nous montre qu'en effet la matière du milieu prend la couleur complémentaire de celle du rayon qui a traversé ce milieu, et encore que ce milieu, lorsqu'il devient le point de départ de l'agitation, au lieu d'en être le passage, émet précisément les lumières qu'il absorbait lorsqu'il servait d'écran. Nous n'avons aucune raison de croire aux boules de Descartes, mais nous pouvons admettre que l'élasticité de certains milieux se prête à la résonnance de certaines vibrations, les absorbe, par conséquent, et laisse passer les autres.

Il résultera de là que la matière raréfiée, par exemple, tout en laissant passer les rayons cathodiques, éprouvera, du groupement d'un certain nombre de leurs vibrations, une vibration de fréquence moindre et de longueur d'onde plus importante, lumineuse par conséquent : c'est la phosphorescence ; que la vibration lumineuse donnera lieu à une transformation calorifique ; et qu'enfin le groupement d'un paquet de vibrations électriques pourra créer la fréquence de l'onde hertzienne, dont la longueur d'onde se compare à celle du son. Il est nécessaire, cependant, que les spires du rayon naturel soient assez nombreuses pour pouvoir se grouper n à n, la chaleur obscure n'engendrera pas la lumière, ni la lumière l'actinisme, le principe de Carnot est respecté.

La considération de spires équidistantes de pas grandissants fait apparaître une composante normale à l'axe, *vibration transversale ;* et une composante parallèle à l'axe, *vibration longitudinale.* Cette dernière est faible pour les rayons cathodiques et prend de l'importance pour les ondes hertziennes et sonores. Peut-être sa grandeur, qui ne saurait être rigoureusement nulle, intervient-elle dans l'importance des réfractions dans l'épanouissement ou la concentration des faisceaux, dans les phénomènes de la dispersion des diverses couleurs.

On conçoit également que certains milieux orientés ou cristallisés puissent orienter la spire génératrice des divers agents, donner à ce tourbillon une section elliptique ou circulaire, par exemple. Enfin, une autre source de vibrations pourra modifier le mouvement des masses du rayon visuel, dévier le faisceau lumineux d'une lumière cathodique, faire tourner le plan de polarisation d'un cristal, ce seront là simples compositions de forces et de mouvement ; et de plus, cela rentre dans la conception de Descartes, qui prétendait attribuer aux innombrables tourbillons de ses mondes les actions réciproques les plus variées.

L'espace soumis à l'action d'un ou plusieurs centres s'appelle champ de forces. Cet espace peut être considéré comme doué, dans l'hypothèse de Descartes, d'un mouvement tourbillonnaire complexe de la matière qui le constitue ; dans l'hypothèse newtonienne, au contraire, les points matériels au repos sont soumis à des forces variables et la matière prend une tension caractérisée par des surfaces de *forces,* et des surfaces *équipotentielles* ou surfaces de *niveau.* Expérimentalement, les sections de directions quelconques, faites dans un cyclone ou vortice de Descartes et dans un champ de forces newtoniennes, présentent de frappantes analogies, c'est ainsi que dans un tourbillon atmosphérique, les objets se précipitent à la surface du sol en figurant très nettement les lignes de forces d'un champ.

Plusieurs corps jouissent de la propriété de condenser d'une façon plus ou moins persistante à leur surface ou même dans leur substance, les traces des surfaces de forces et de niveau des champs ou des tourbillons émanant de l'action de divers agents, actinisme, lumière, chaleur, électricité, ondes hertziennes ou sonores. Et de même que l'abeille apprend à édifier ses rayons sur le réseau hexagonal d'une pellicule de cire gaufrée par l'apiculteur, de même il arrive qu'un agent d'un ordre quelconque puisse édifier ses tourbillons ou champs de forces sur le réseau qu'a tracé la rencontre du tourbillon d'un agent absolument différent. C'est ainsi que la lumière des rayons phosphorescents constitue ses tourbillons sur la silhouette des objets qu'a traversés la lumière cathodique invisible, et cette image persistera même après l'arrêt du mouvement cathodique. L'autoradiation du radium résonnera de même à la vibration continue de la lumière obscure, et son champ invisible s'illuminera de la phosphorescence des corps qui savent vibrer à la fréquence lumineuse (1).

Le tourbillon sonore du téléphone vient expirer sur le même réseau de la membrane de fer doux où le champ magnétique prend naissance et appuie ses surfaces. Au champ magnétique succède le champ induit du courant, et les arcs lumineux engendrés par ce courant induit font entendre la parole du départ. Bien plus, un faisceau de cette lumière sonore, dirigé par de puissants projecteurs, va traverser les mers, et nouveau tourbillon dessiner ses réseaux sur le miroir de sélénium (2), puis, par le mécanisme réversif de nouveaux champs d'électricité, de magnétisme et de son, frapper enfin l'oreille du destinataire.

On pourra même imprimer la trace du tourbillon final, non plus sur une plaque de fer doux où elle s'efface, mais sur un ruban d'acier qui se déroule et dont l'aimantation rémanente la fixe profondément et lui permet de répéter indéfiniment la dépêche devant un inverseur.

Cet étrange protéisme du mouvement de divers agents, qui

---

(1) MM. P. Curie et A. Laborde ont même observé une résonnance thermique dans le radium qui se tient de 1° au-dessus de la température ambiante. (*C. R. Ac. des Sciences*, 16 mars 1903, t. CXXXVI, p. 673).

(2) La disposition imaginée par M. Ruhmer, et qu'il vient aussi d'utiliser pour diriger les dépêches hertziennes vers un poste récepteur déterminé, est celle des miroirs ardents paraboliques conjugués. Les rayons émis à l'un des foyers par l'arc sonore *transmetteur* modifient la résistance au courant d'un cylindre de sélénium *récepteur* placé à l'autre foyer, et cela à une distance de 7 ou 8 kilomètres.

se succèdent et soudent, pour ainsi dire, leurs champs les plus compliqués sur un réseau commun, nous permettrait de remonter jusqu'aux centres de forces d'un dernier tourbillon lumineux, de reproduire ainsi les points saillants d'un groupe ou d'un tableau. La vision à distance serait ainsi virtuellement acquise.

J'éprouve ici quelque tristesse à démolir de mes mains ce fragile château que j'avais construit avec les matériaux et à la manière de Descartes et de Zenger, pour y abriter la genèse de la dernière, de la plus séduisante découverte de notre science. Hélas ! il est bien vrai que dans le téléphone et ses vassaux : le photophone, le phonographe magnétique, etc., les tourbillons et champs de forces succèdent aux tourbillons et champs de forces. Mais ces trajectoires étranges des mouvements des agents les plus éloignés, l'agent lumineux, l'agent électrique, l'agent sonore, ne se ressoudent en rien avec la précision que je leur attribuais. Elles n'ont même rien de commun peut-être que le rythme et l'intensité, et je ne vois théoriquement rien de plus dans la reproduction du parleur vocal ou musical de nos téléphones, que dans l'alternance saccadée du parleur de l'appareil Morse.

Un son quelconque se constitue de grandes et de faibles concamérations, qui se succèdent et permettent de le représenter, sur une bande qui se déroule, par une sinusoïde irrégulière dont les boucles sont hérissées de petites dents ou crochets. La pratique du phonographe nous montre que la lecture mécanique de cette représentation singulière suffit à reproduire les bruits les plus variés, les sons les plus complexes. Il n'y a donc aucune simultanéité entre les divers chocs qui viennent impressionner notre oreille. Un point matériel ne saurait, ai-je dit, éprouver à la fois deux déplacements. Tout le phénomène consiste, au contraire, en une succession de chocs, de fréquence et d'intensité variable, et s'il en est ainsi, le parleur du télégraphe Morse suffira pour reproduire la parole, si on lui donne une mobilité suffisante. Et qu'est-ce donc que le microphone, sinon un parleur Morse dont l'extrême mobilité facilite la fréquence des manifestations, permet de leur conserver leur originelle intensité ?

Et maintenant, la manière même dont nous avons établi la succession des divers champs de notre complexe téléphone, nous permet d'attribuer à ces manifestations deux caractères communs, la fréquence et l'intensité. L'arc électrique, par exemple, n'émettra pas, élémentairement du moins, des vibrations sonores, son mouvement conservera l'allure d'un mouvement lumineux. Mais les modifications dans l'intensité du champ électrique qui a engendré cet arc, grouperont les vibrations lumineuses élémentaires en phases secondaires de durées et d'intensités variables, se succédant avec la fréquence du son générateur. Il n'est donc pas étonnant que le résonateur de sélénium puisse emprunter à ce faisceau de nature exclusivement lumineuse, le rythme et l'intensité de la parole d'émission et les restituer aux circuits électrique, magnétique et enfin sonore du récepteur. Pour assurer du reste la netteté des phases, il convient de se débarrasser des phénomènes de résonnance accessoire, de ces échos qui viendraient boucher les intervalles de la fréquence principale, et voilà pourquoi dans les circuits des arcs parlants, il est nécessaire de fixer, d'arrêter, de neutraliser, en un mot, les extra-courants perturbateurs au moyen de dispositions rentrant dans le type des condensateurs électriques.

En résumé, de même que dans l'ordre électrique les tourbillons peuvent passer d'un milieu dans un autre, s'y transformer même et produire des agitations d'ordre différent, laisser même, après leur disparition, des traces plus ou moins indélébiles de leur passage, ce qui produit, par exemple, les courants induits, les électro-aimants, les aimants artificiels et même les aimants naturels, de même dans l'ordre lumineux, les tourbillons peuvent passer d'un milieu matériel dans un autre milieu matériel, y transformer leur agitation en une agitation moins rapide, y laisser même une trace durable de leur passage, et c'est ce qui explique la fluorescence qui peut être comparée à l'aimantation du fer

doux, la phosphorescence que je confère à l'aimantation rema-
nante de l'acier, enfin l'auto-radiation qui peut se comparer à
l'aimantation naturelle de l'oxyde de fer magnétique, à moins
que toutes ces formes de magnétisme comme de lumière ne
soient dues à l'agitation réelle, actuelle, continue, d'une matière entraînée par les mouvements du tourbillon créateur
de cette agitation. Et s'il en est ainsi, Descartes nous enseigne
que la vitesse du mouvement secondaire ne peut être qu'inférieure ou égale à la vitesse du mouvement principal. Les
corps reposent en la matière des cieux qui les entraîne et va
beaucoup plus vite qu'eux. C'est ainsi que la pirouette (tou-
pie) des enfants possède une vitesse inférieure à celle du frottement imprimé à son pivot. Ainsi donc, une lumière invisible, ultra violette, aura pour reflet dans la fluorescence et
la phosphorescence, des lumières plus lentes, visibles par
conséquent pour nous. La vibration obscure qui pénètre dans
les caves les plus profondes, donnera lieu à l'auto-radiation
d'intensité constante du radium et de ses semblables. La chaleur rouge sera transformée en une chaleur obscure dans nos
chaudières de vapeur. Et le principe de Carnot sortira de la
conception de Descartes. « On ne saurait faire passer la chaleur d'un corps plus froid sur un corps plus chaud, » car ce
serait donner à la matière des corps une vitesse supérieure à
celle de la matière des cieux qui la soutient et l'entraîne, *ce
serait mettre plus en l'effet que dans la cause.*

§ XIX

**Les tourbillons dans les sciences naturelles, dans la Géographie;
l'évolution positiviste en Histoire. — Conclusion.**

La forme générale tourbillonnaire du mouvement s'introduit dans toutes les sciences.

Sciences naturelles. — M. G.-M. Stanoiévitch a présenté
récemment (1) à l'Académie des Sciences une note sur les

(1) *C. R. Ac. des Sciences*, t. CXXXI, p. 640.

lignes de forces et les surfaces équipotentielles dans la nature.

Ces lignes de forces et ces surfaces, qui jouent un si grand rôle dans la gravitation, l'électricité, le magnétisme, la lumière, se rattachent, ai-je dit plus haut, aux traces du mouvement tourbillonnaire sur un plan, les deux images sont analogues.

M. Stanoiévitch reproduit l'image bien connue d'une planche de sapin avec deux nœuds qui sont les pôles de même nom, les lignes équipotentielles longitudinales devraient être parallèles si elles s'étaient développées librement. Les nœuds jouent le même rôle et produisent les mêmes perturbations dans les champs où ils se trouvent, qu'un pôle magnétique ou électrique introduit dans un champ de même nature. C'est-à-dire qu'il absorbe les lignes de forces et les lignes équipotentielles qui tendent à le traverser, ou il les force (jusqu'à une certaine distance) à suivre le cours de ses propres lignes de forces.

C'est ensuite la section d'un radis, dont l'axe s'est accidentellement dédoublé. Cette section présente un champ de deux pôles d'où émanent des lignes de forces, c'est exactement le champ électrique de deux pôles de mêmes noms, dont les intensités sont dans le rapport de 1 à 1/4 (fig. 34).

Enfin c'est la section droite d'un tronc de chêne, faite à

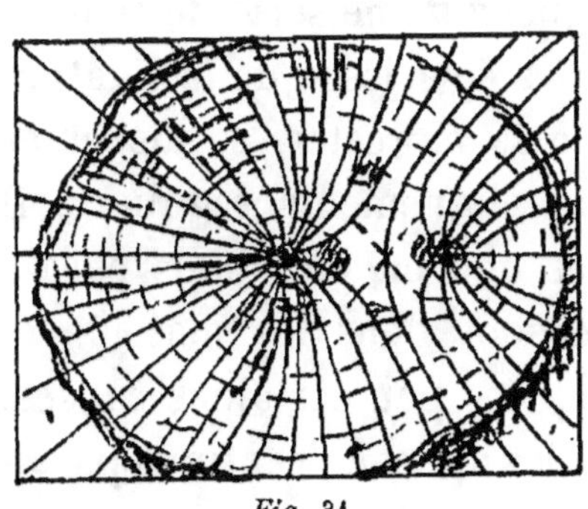

Fig. 34

quelques centimètres au-dessous d'une ramification ; nous y voyons, jusqu'aux moindres détails, l'aspect d'un champ électro-magnétique formé par deux courants rectilignes croisés de même sens, et sensiblement même intensité. Les lignes de force et les surfaces équipotentielles cellulaires sont donc identiques aux éléments d'un champ électro-magnétique ou optique.

On ne peut pas croire, dit M. Stanoiévitch, que le rapprochement de ces phénomènes si différents par leur nature soit dû au hasard. Il serait plus naturel de conclure qu'ils sont produits par des actions semblables, sinon identiques; que chaque plante représente un champ cellulaire caractérisé par ses lignes de forces et ses surfaces équipotentielles, visibles ou non, et que chaque cellule se meut et se fixe définitivement, suivant une ligne de force ou surface équipotentielle, les forces qui régissent les accroissements étant des forces dirigées.

Aviation. — M. Ader, le célèbre aviateur, a démontré que le mouvement des organes moteurs du vol sont tourbillonnaires et spiraloïdes. C'est en donnant aux diverses articulations des ailes de son moteur ces mouvements définis, qu'il semble avoir obtenu quelque chance de succès dans son entreprise hardie du *vol* d'un appareil plus lourd que l'air (1).

Géographie et relief terrestre. — Le refroidissement progressif du noyau terrestre a eu pour effet de produire à sa surface des lignes de plissement dans lesquelles certains géologues ont cru voir les arêtes d'un solide régulier inscrit dans la sphère. Notre regretté camarade, l'ingénieur Edgard Boulangier, ne pouvait se résoudre à voir en notre globe un gros cristal, dodécaèdre ou autre, et voici les causes bizarres auxquelles il croyait devoir attribuer le relief de son écorce.

« Une chose me frappe à l'examen des cartes, c'est l'accumulation dans les massifs montagneux d'une série de chaînes et de rides qui semblent comme les épis issus de la ligature d'une gerbe, diverger, puis enfin se morceler, se disperser en un désordre qui succède aux alignements réguliers. Il semble toutefois que ces chaînes ont pu être jadis parallèles et accolées comme elles le sont dans les massifs, et qu'elles ont été séparées et disloquées par certaines causes. Elles auraient autrefois constitué des anneaux continus parallèles à l'équateur, et de tous points semblables à ceux qu'on voit encore à la surface de Mars, de Jupiter et de Saturne.

(1) *C. R. Ac. des Sciences*, t. CXXVI, p.

Ces anneaux se sont fragmentés depuis en forme de triangles, et ces triangles se sont pénétrés dans une lutte qui rend compte de leur aspect d'ensemble et de détail.

» Au nord de l'équateur, l'Eurasie et l'Amérique du Nord, au sud l'Afrique, l'Amérique du Sud et l'Australie formèrent deux grands anneaux qui semblent provenir du dédoublement d'une onde équatoriale unique.

» La théorie du tourbillon solaire de Descartes dans lequel les parties cannelées pénètrent aux pôles et viennent jaillir à la façon d'une écume sur l'écliptique, expliquerait la genèse de ce mouvement ondulatoire qui va de l'équateur à chacun des pôles. La solidification de l'écorce la force en outre à se segmenter pour remonter sur un parallèle plus voisin du pôle et par conséquent plus petit, les fragments luttent ensemble pour arriver à la position culminante.

» Voilà pourquoi le triangle de l'Eurasie et le triangle de l'Amérique du Nord ont enfoncé chacun leur pointe occidentale dans la base occidentale de leur adversaire, laquelle s'est entr'ouverte sous ces pénétrations.

» La Terre est donc une double montagne, ayant pour sommets opposés les deux pôles, et pour base commune l'équateur ; et les matériaux de l'écorce en gravissent les rampes sous l'apparente attraction des deux pôles magnétiques.

» Toute montagne, à coup sûr, est le siège d'une semblable circulation qui porte les matériaux de la vallée à presser ses flancs, et les matériaux du sommet à s'écouler suivant son axe vertical.

» Une montagne est une tombe, un estomac ; une vallée est une bouche, une matrice.

» Un continent est une tombe, un estomac qui se remplit des apports des vallées océaniques et se vide sous lui-même dans le gouffre ou foyer central. Une vallée océanique est une bouche ou matrice par laquelle les couches profondes viennent à la lumière et montent à l'assaut du continent.

» Et tout se dirige vers le pôle, s'y engouffre pour renaître à l'équateur. Dans ce combat perpétuel des puissances minérales, il y a des crises, de violentes batailles que nous appelons cataclysmes, déluges et révolutions du globe. A ces crises succèdent des efforts lents et continus. Le relief de la Terre se modifie et les cartes d'aujourd'hui diffèrent des cartes anciennes, non par l'ignorance et l'erreur des anciens géographes, mais par les variations incessantes du sol. La Méditerranée a perdu depuis 1800 ans le quart de sa longueur et toutes ses formes se sont modifiées ; montagnes, rivages, orientations, tout a changé. »

Qui ne reconnaîtrait en cette originale description de l'ingénieur Boulangier, le cyclone magnétique annulaire de Descartes et le courant imaginé par lui des parties cannelées, c'est-à-dire de l'électricité magnétique. Répétons un raisonnement qui a déjà servi dans ce travail : si même le magnétisme de la Terre ne parvient pas à déplacer la matière de sa surface, il exerce du moins sur elle une tension moléculaire continue, et ce potentiel accumulé dans la direction de l'équateur au pôle, n'est-il pas la force mystérieuse qui préside aux déformations de la croûte terrestre? Cette force qui dirige l'aiguille aimantée, peut se manifester aussi par un mouvement réel. Dans le *gyroscope électromagnétique*, E. de Fonvielle est parvenu à produire directement la rotation de disques de fer doux dans un champ magnétique dissymétrique, c'est-à-dire à transformer par une simple disposition d'expérience les attractions magnétiques en effets mécaniques.

Evolution positiviste en Histoire. — Il serait audacieux, j'en conviens, d'étendre aux sciences morales, à l'histoire, la théorie tourbillonnaire des « principes », et, cependant, la perfectibilité de notre globe et des espèces qui l'habitent, de la nôtre en particulier, ne dépend-elle pas, dans une certaine mesure, des conditions du mouvement général de notre univers? C'est la théorie de Darwin, c'est celle que Zenger développe en son *Système du monde électro-dynamique ;* mais c'est aussi la théorie des positivistes de l'école d'Auguste Comte et de son disciple Littré, que j'ai eu l'étrange fortune d'avoir pour professeur d'histoire, pendant la guerre de 1870, à l'École polytechnique de Bordeaux, et qui considérait l'histoire comme une science exacte, présentant les états statique et dynamique.

« Les deux sciences qui traitent des êtres vivants, la bio-
» logie et l'histoire, ont cela de particulier que la substance
» qui fait l'objet de leur étude crie et témoigne sa douleur
» quand le mal vient la frapper. Telle est la condition du
» médecin au chevet du malade, de l'historien au chevet des
» nations saisies par la main de fer du malheur. Il faut pour-
» tant pénétrer dans ces domaines pour y chercher, d'un es-
» prit lucide et d'une main ferme, le réel et le vrai, seul
» flambeau qui nous serve à rendre dans notre condition
» mortelle ce qui est bon, meilleur, ce qui est mauvais, moins
» mauvais. Résumons donc, en quelques mots, cet aperçu.
» L'histoire est un phénomène naturel, et, à ce titre, soumis
» à des conditions déterminées que nous pouvons modifier
» sans limite à notre profit. Comme elle est subordonnée à la
» science de la vie, laquelle est elle-même subordonnée aux
» sciences physiques et chimiques, celle de l'histoire est la
» plus compliquée de toutes et constitue la dernière. Le pro-
» cédé d'étude qu'elle emploie essentiellement est la filiation,
» c'est-à-dire l'engendrement des états sociaux les uns par
» les autres. Enfin elle constate que l'humanité est soumise
» à un mouvement de développement qui la porte à des degrés
» divers de civilisation, et que ce mouvement, quand il a
» atteint la phase des sciences positives, devient assuré, me-
» surable, par le progrès même de ces sciences et indéfini-
» ment progressif. »

L'évolution de l'histoire n'est donc pas, comme l'avait pensé Vico, circulaire ; la circularité est exclue par le progrès scientifique, et les deux opinions de Littré et de Vico se confondent en une commune et symbolique image, celle de cercles grandissants, de spirales, de tourbillons en un mot, et n'est-ce pas en vertu de cette circularité progressive que nous revoyons briller à nos yeux l'étoile de Descartes après 250 ans d'oubli. Et ces « Principes » si féconds à l'origine, si longtemps méconnus, reprennent aujourd'hui leur place dans la physique du monde, et s'illuminent de tout l'éclat de la géométrie moderne et des sciences exactes qu'il a contribué à fonder, et dont les progrès incessants permettent de lui rendre aujourd'hui, bien que tardivement, la plus complète justice.

Conclusion

En rejetant de ses principes, après un examen sévère, la plupart des qualités occultes de l'Ecole, Descartes n'a fait grâce qu'à la figure et au mouvement de la matière. Ce sont là deux conceptions de l'esprit, et sans chercher si elles n'ont pas en notre entendement une origine expérimentale, si la notion de ligne droite par exemple n'est pas en nous un fruit de l'observation, il est certain que Descartes n'a prétendu concéder à la matière qu'une existence et des qualités plutôt subjectives. Il pourrait tout aussi bien établir à priori le mécanisme d'une matière inexistante. Nous ne nous figurons que difficilement aujourd'hui une matière dégagée de l'idée de masse, un mouvement dégagé de l'idée de force et d'énergie, et nous en concluons que le mécanisme des principes ne suffit plus à expliquer tous les phénomènes de la physique. Il nous convient cependant d'éviter ici le reproche qu'adressait Descartes à l'un de ses contradicteurs : « N... me fait dire des sottises auxquelles je n'ai jamais pensé, et après, il les réfute, ce qui est une chose très honteuse en un particulier, et bien plus en un philosophe. »

La condamnation et l'emprisonnement de Galilée, la destruction du livre où, comme beaucoup de savants d'alors, il enseignait la rotation de la Terre, empêcha Descartes de publier ses Mondes. « Ce mouvement de la Terre, disait-il, est tellement lié avec toutes les parties de mon traité que je ne saurais l'en détacher sans rendre le reste tout défectueux. D'autre part, j'aime trop mon repos pour publier un discours dont le moindre mot puisse être désapprouvé par l'Eglise. J'ai pris pour devise *bene vivit qui bene latuit*, « vit bien qui bien

se cache ». Nous pourrions donc admettre en faveur de Descartes que son œuvre incomplète n'a pas reçu les perfectionnements et retouches d'un ouvrage qui va chez l'imprimeur.
Mais, d'autre part, Descartes ne prétend pas donner *la* solution du problème des mondes, mais simplement construire
une solution arbitraire, suffisamment générale pour expliquer
les phénomènes connus, pour prouver que le mouvement de
la matière a des lois qu'il convient de rechercher et d'établir.
« Défiez-vous d'ailleurs en cette recherche de deux préjugés :
à savoir qu'il peut y avoir du vide et que la *force* qui fait
qu'une pierre tombe en bas, qu'on nomme sa pesanteur, demeure toujours égale dans la pierre » (1). Bien loin de nier la
force, Descartes la place judicieusement en dehors de la matière dont elle produit et arrête le mouvement. Il la considère
donc comme une fonction de mouvement, mais il la compare,
comme nous le faisons, à l'effort d'un homme, à la tension
d'un ressort ; il la représente par un segment de droite dirigé
et la mesure par l'élévation d'un poids déterminé à une hauteur déterminée (2). Il connaît parfaitement la pesanteur et la
loi de la chute des corps ; il évalue le poids et la pression de
l'atmosphère, et suggère à Pascal les expériences barométri-
ques du puy de Dôme. Il fait intervenir la masse dans la solution des problèmes et considère la force de percussion d'un
marteau qui écrase le métal, d'un balancier qui frappe la mé-
daille. Pourrait-on nier qu'à cette notion de la force vive il
n'ait joint la notion d'énergie qu'il attribue dans la matière à
l'agitation, à la forme même des parties ignées ou cannelées?
Enfin, la plus frappante image du potentiel ne nous est-elle
pas fournie par cette avance de vitesse que prend la matière
transparente des cieux sur les corps qu'elle soutient et entraîne en ses mouvements ?

(1) Pour simplifier l'énoncé des lois de la chute d'une pierre *in vacuo*,
Descartes supposait la constance de cette force et de son accélération, *ce
qui répugne apertement aux lois de la nature* et ne s'appliquerait pas
sans erreur à de fortes vitesses acquises (t. II, lettre 68, p. 333).

(2) T. II, lettre 92, p. 413, édit. 1659.

Il sera désormais puéril de reprocher au créateur du langage scientifique français d'avoir au XVII° siècle donné les noms de *conservation* du mouvement, de *force* et de *puissance* de se mouvoir, aux mêmes choses que notre XX° siècle appelle *conservation* de l'énergie, *force* vive et énergie *potentielle*. Et pour qu'en ce procès de Descartes le dernier mot des débats appartienne à la défense, écoutons ce qu'il écrivait au P. Mersenne, à propos de boules qui se heurtent et de cordes qui vibrent : « Toutes vos difficultés viennent de ce que vous confondez le mouvement avec la vitesse (1). Considérez le mouvement ou la *force de se mouvoir* comme une quantité qui ne diminue jamais mais qui se transmet d'un corps à un autre (2).

» Pour la distinction du retour de la corde *in principium*, *medium* et *finem* ou *quietem*, l'expérience que vous me mandez de l'aimant suffit pour montrer que *nulla talis est quies ;* car elle montre, comme vous concluez fort bien, que ce n'est pas l'agitation de l'air qui est la cause du mouvement. Il sort de là nécessairement que la *puissance de se mouvoir* est dans la chose même, et par conséquent qu'il est impossible qu'elle se repose pendant que cette puissance dure. Mais si la corde se reposait après le premier tour, elle ne pourrait plus retourner d'elle-même comme elle fait, car il faudrait que la puissance qu'elle a de se mouvoir eût cessé pendant ce repos » (3).

Ainsi donc les corps ont dans le mouvement la *force de se mouvoir*, ils peuvent conserver, même dans le repos, *la puissance de se mouvoir*. Mais ce repos simplement apparent renferme alors une agitation. La somme de ces *forces* et *puissances* se maintient indestructible et constante en l'Univers.

Descartes connaissait donc et utilisait toutes les notions dont nous faisons nos *principes*, mais, n'en voyant pas clairement la nécessité distincte, il les proscrivait de ses *principes* (4).

____

(1) Tome II des *Lettres de Descartes*, lettre 48, p. 270, édit. 1659.
(2) Lettre 58, p. 305.
(3) Lettre 61, p. 312.
(4) Descartes refusait à Dieu, dans ses Principes, le pouvoir de maintenir écartées les parois d'un vase entièrement vide « car en la pensée distincte

Cette réserve se justifie parfaitement dans l'ordre métaphysique, elle est beaucoup plus importante pour le philosophe que pour le physicien dont elle n'a pu un seul instant, quoi qu'on en ait dit, entraver les progrès.

En tous les cas, nous pouvons ne voir en la physique des « principes » qu'un chapitre de la géométrie que nous appellerions la cinématique. Nous avons pu ajouter au patrimoine que nous a légué Descartes *géomètre*, des conquêtes nouvelles et des régions inexplorées par lui, nous n'avons eu du moins rien à en retrancher. Sachons aussi quelque gré à Descartes *physicien* de nous avoir délivré du fatras de l'Ecole et d'avoir rejeté dans son doute méthodique l'existence des notions qui ne sont pas claires et distinctes. Nous pouvons ainsi ne rien retrancher de sa conception et nous borner à joindre aux notions *innées*, nécessaires, indépendantes, de figure et de mouvement dont il a su tirer si merveilleusement parti, les notions *expérimentales*, contingentes, dépendantes, de masse de force et d'énergie, que nous définissons ainsi qu'il le faisait lui-même par leurs effets, et dont notre entendement ne connaîtra jamais l'origine et l'exacte nature, dont enfin il nous serait impossible de prouver qu'elles ne sont pas des conséquences, des manifestations, des fonctions des premières. Si le tourbillon génial ne suffit plus à porter notre monde, il en reste encore aujourd'hui la vivante et maîtresse colonne.

d'une partie de l'espace, la quantité de la matière qui l'occupe doit être nécessairement comprise. » Mais il ne mettait pas un mot de l'immortalité de l'âme. « Et vous ne vous en devez pas étonner, écrivait-il au P. Mersenne, car je ne saurais pas démontrer que Dieu ne puisse annihiler l'âme, mais seulement qu'elle est d'une nature entièrement distincte de celle du corps, et par conséquent qu'elle n'est pas naturement sujette à mourir avec lui, qui est tout ce qui est requis pour établir la religion. »

—

§ XX

Pourquoi Descartes a supprimé le Traité des « Mondes » et pourquoi l'Auteur se décide à publier tardivement ces causeries.

Descartes se montra toujours peu disposé à publier ses œuvres. « J'ai réduit la physique, écrit-il au P. Mersenne, à des lois mathématiques, et je croirais n'y rien savoir si je me bornais à dire comment les choses peuvent être sans démontrer qu'elles ne peuvent être autrement. Je ne l'ai point fait en mes *Essais* car je n'y voulais donner mes *Principes,* que jamais je n'imprimerai, pas plus que le reste de ma physique. En dehors de cinq ou six feuilles sur l'*Existence de Dieu* que je dois publier en conscience, je ne sais pas de loi qui m'oblige à donner au monde des choses qu'il témoigne ne pas désirer. Pour une vingtaine d'approbateurs qui ne me feraient aucun bien, des milliers de faux docteurs malveillants, qui préfèrent leur vanité à la vérité, ne s'épargneraient pas de me nuire. J'en ai fait pendant trois ans l'expérience et je ne me repens pas de mes publications ; mais je n'ai pas envie d'y retourner, même en latin. »

Descartes ne prit connaissance des œuvres de Galilée que postérieurement à la condamnation retentissante de ce savant, dont il apprécia très sévèrement tout d'abord les expériences et les démonstrations, mais avec lequel il était d'accord pour enseigner le mouvement de la Terre. « Pour les expériences que vous me mandez de Galilée, je les nie toutes, et je ne juge pas pour cela que le mouvement de la Terre en soit moins probable. » Il fut surtout effrayé de ce que Galilée n'eût pu échapper à la condamnation par cette précaution qu'il avait prise lui-même de placer sa conception du monde sur le terrain prudent d'une simple hypothèse scientifique. Une patente sur la condamnation de Galilée, imprimée à Liège le 20 septembre 1633, portait, en effet, ces mots : *Quamvis hypothetice a se illam proponi simularet.* Il comptait encore, à la vérité,

sur une révision par le Concile, de la sentence de la Congrégation des Cardinaux, et l'ardeur même apportée par les pro-
testants à combattre les nouvelles doctrines, lui semblait d'un
favorable augure. « Je ne suis pas marry, disait-il, que les
ministres fulminent contre le mouvement de la Terre, cela
conduira peut-être nos prédicateurs à l'approuver. En atten-
dant, j'ai voulu entièrement supprimer le traité (des Mondes)
et perdre presque tout mon travail de quatre ans, pour rendre
une entière obéissance à l'Eglise, en ce qu'elle a défendu
l'opinion du mouvement de la Terre. J'aime le repos et j'ai pris
pour devise : *bene vivit qui bene latuit*, vit heureux qui vit
caché. L'âge m'a ôté cette chaleur de foi qui me faisait autrefois aimer les armes, et je ne fais plus profession que de pol-
tronnerie. Les poils blancs qui commencent à me venir m'a-
vertissent que je ne dois plus étudier en physique à autre
chose qu'aux moyens de les retarder. C'est maintenant ce à
quoi je m'occupe, et pour obtenir par provision quelque délai
de la nature, j'ai acquis quelque peu de connaissance en la
médecine (1) et me tâte avec autant de soin qu'un riche vieil-
lard. Je n'ai jamais eu tant de soin de me conserver que
maintenant, et au lieu que je pensais autrefois que la mort ne
me pût ôter que trente ou quarante ans tout au plus, elle ne
saurait désormais me surprendre qu'elle ne m'ôte l'espérance
de plus d'un siècle. Car il me semble voir que si nous nous
gardions seulement de certaines fautes que nous avons coutume de commettre au régime de notre vie, nous pourrions
sans autre invention parvenir à une vieillesse beaucoup plus
longue et plus heureuse que nous ne faisons. En résumé, ma
morale est d'aimer la vie sans craindre la mort » (2).

Il est donc avéré que le bûcher qui détruisit quelques exem-

---

(1) En France, il fut l'apôtre de la circulation du sang, découverte par
l'anglais Hervé. Mentionnons ses travaux de physiologie et le mécanisme
qui constitue pour lui l'âme matérielle des animaux.

(2) Extraits des lettres 36, 75, 69, 80, 96, 82, 85, pp. 213, 553, 274,
338, 435, 367, 374 du tome II des *Lettres de Descartes*, 1re édition,
Clerselier, H. Legras et Ch. Angot, Paris, 28 mai 1659.

plaires du livre publié par Galilée, emporta dans ses flammes l'œuvre inédite des « Mondes » de Descartes. Et voilà pourquoi en dehors du manuel aride des « Principes » nous devons nous contenter d'en déchiffrer les parcelles incomplètes en des lettres que, mystérieusement, il en écrivait à ses disciples les plus discrets, pour détruire surtout, disait-il, le mauvais effet des racontars qu'en faisaient ses envieux, et « des calomnies de plusieurs qui, faute d'entendre mes principes, veulent persuader au monde que j'ai des sentiments fort éloignés de la vérité » (1).

Diverses circonstances ont retardé la publication de ces causeries dont j'avais écrit et déposé le mémoire en 1898. Je dois peut-être me féliciter de ce retard, qui a permis à la semence cartésienne de germer et de grandir. Tous les traités scientifiques font aujourd'hui mention, non pas encore de Descartes mais au moins de ses tourbillons. Les découvertes nouvelles et leurs perfectionnements récents comportent une explication tourbillonnaire. Mon œuvre a donc perdu en originalité, mais pour être moins audacieuse, elle n'a pas cessé d'être utile et même nécessaire. Je voudrais qu'on y trouvât une réhabilitation posthume de notre illustre Descartes « né Français, mort en Suède ».

En ces derniers jours, à Arras, puis à Lille (2), j'ai éprouvé l'émouvante satisfaction de faire entendre la parole du maître à de nombreuses assemblées, et de sentir vibrer jusqu'en mon âme le frémissement d'admiration de la foule pour le génie.

Renatus Cartesius — Descartes renaît

---

(1) Descartes méprisait, d'ailleurs, les calomnies répandues contre lui et priait le P. Mersenne de ne plus lui transmettre les lettres injustes ou malveillantes. « Nous avons ici, disait-il, assez de papier pour le dernier usage et elles ne peuvent servir à autre chose. » (2º vol., lettre LVII, p. 301). « A ceux qui vous demandent où je suis, dites que je me dispose à passer en Angleterre ; ce que je fais, répondez que je prends plaisir à étudier pour m'instruire moi-même, mais que de l'humeur que je suis, vous ne pensez pas que je mette jamais rien au jour. » (L. LXIV, p. 321.)

(2) 6 et 13 février 1903, Académie d'Arras et Société des Amis de l'Université de Lille.

ENVOI A L'ACADÉMIE DES SCIENCES

La fin du xixe siècle marque le retour de certaines écoles étrangères au *mécanisme pur* sous l'autorité déclarée du philosophe Descartes. En France, où M. Poincarré a vulgarisé l'œuvre de Helmholtz, tous les traités mentionnent les *tourbillons,* mais ils taisent Descartes. Pour juger sainement de ces hommages ou de ce silence, il convient de rapprocher nos théories les plus récentes de l'ancienne doctrine du maître : « Tout est figure et mouvement ».

L'esprit *pense,* le corps est *étendu* : le bâton de cire dur, sonore, se ramollit entre les doigts, fond sur le feu puis s'évapore. En ces états si différents il possède une propriété constante : il occupe un certain espace, un *volume* déterminé dont j'ai la notion *claire et distincte.* Ce volume n'est pas une simple conception de l'esprit, c'est la *matière* elle-même. Un espace limité par des surfaces qui le renferment n'est pas *vide,* et Dieu lui-même ne pourrait sans absurdité maintenir écartées les parois d'un vase absolument privé de matière.

Si la matière n'est autre que l'espace limité, le volume géométrique, elle participe des propriétés évidentes de ce volume. Elle est *unique, divisible à l'infini, impénétrable.* Le déplacement de la matière entraîne donc le déplacement d'une autre matière qui vient occuper son *lieu.* Cela est le *mouvement.* En vérité il n'est pas requis plus d'*action* pour le mouvement que pour le repos, il en faut autant pour mouvoir un bateau que pour l'arrêter. Le mouvement est relatif et se définit par rapport à un corps du voisinage. Au *repos* dans son navire le nautonier se *meut* par rapport au rivage, et s'il remonte le parallèle de la Terre, il redevient au *repos* par rapport aux étoiles. Entre deux corps on ne saurait décider lequel se meut. Mais le mouvement, cette *qualité* relative deviendra une *quantité,* une grandeur, si on le mesure par la *force,* l'*action* nécessaire pour *imprimer* à un corps ou pour lui retrancher sa vitesse. Cette *force de se mouvoir,* cette action, cette impression de la vitesse, *qu'il faut bien distinguer de cette vitesse*, peut être accompagnée d'une *puissance de se mouvoir* qui persistera même dans le repos et se traduira dès lors par une *agitation*. La force et la puissance de se mouvoir peuvent se transformer l'une dans l'autre, elles composent la *quantité de mouvement* que Dieu conserve en l'Univers.

Dieu a dit « fiat lux » et cela signifie qu'il a donné à la matière une propension à se mouvoir en ligne droite. En vérité, ce mouvement en ligne droite ne se produit jamais, car chaque partie de la matière rencontrera d'autres parties qui en raison de leur impénétrabilité la détourneront de son mouvement rectiligne et la feront tourner en rond : *tourbillonner*. De même que la corde d'une fronde retient la pierre sur un cercle par une force que la main du frondeur peut apprécier, de même la matière ambiante, animée elle-même de mouvements divers, retient la matière qui ne la peut traverser, exerce sur elle une réaction, une *force* que l'on peut mesurer, mais qui n'existe en vérité que comme un *effet* et nullement comme une *cause* du mouvement.

Un corps qui rencontre un autre corps *rejaillit* contre lui ou bien il l'accompagne en lui donnant tout ou partie de son mouvement, de son impression. Il peut arriver que par suite de certaines circonstances, un corps ne puisse donner à ceux qu'il rencontre la totalité du mouvement qu'il a perdu. Mais ce n'est là qu'une apparence, le mouvement perdu se transforme en agitation, en tour et retour, en tremblement, la *force* de se mouvoir devient *puissance* de se mouvoir.

Une première conséquence du mouvement prolongé de la matière a été de la diviser et de disposer ses *parties* en figures et mouvements divers, enfin de lui donner ainsi certaines qualités que nous observons et qui peuvent être définies et expliquées mieux que par Aristote qui se contentait de les énoncer.

1º Les trois *éléments* sont définis par la grosseur et l'agitation des parties. Ce sont 1º la matière *lumineuse* ou ignée qui constitue les astres incandescents ; 2º la matière *transparente* des cieux qui nous transmet la lumière ; 3º la matière *obscure* des corps qui réfléchit la lumière et retient en ses pores une certaine proportion des deux autres éléments.

2º Entre les *boules* des éléments, la matière la plus subtile prend un mouvement en hélice qui la fait ressembler à des raclures *cannelées* ou bien aux coquillages de la mer. En traversant l'écliptique du Soleil pour rayonner vers les planètes, ces tourbillons *électriques* y produisent des *taches* et y organisent la matière *obscure*. Leur orientation à droite ou à gauche détermine les propriétés de *l'aimant*.

3° Les corps opposent à la matière subtile qui les traverse et tend à les entraîner en son mouvement, une résistance variable avec la grosseur et l'intervalle de leurs parties. C'est la *solidité* dont la *masse spécifique* est une conséquence et un effet. *La matière entraînée va d'ailleurs moins vite que celle qui entraîne*, sinon il y aurait plus en l'effet que dans la cause.

Le *tourbillon* est un mouvement en rond. C'est dans la rivière le *vortice* qui suit le courant. C'est dans l'atmosphère le *cyclone* dont l'*essieu* tourne lentement et dont les nappes concentriques prennent des vitesses croissantes bien que leur *vitesse en rond* décroisse jusqu'aux limites du phénomène. Les corps entraînés peuvent être soustraits à l'action de la pesanteur et viennent se placer en des *nappes* de vitesses appropriées à leur grosseur et à leur solidité. Ce sont là des *tubes tourbillons, l'aimant terrestre* est un *anneau tourbillon.*

Helmholtz a montré que de semblables tourbillons infiniment petits, jetés au sein d'une matière sans viscosité, y conserveraient indéfiniment leurs mouvements rapides. W. Thomson et Rankine y ont vu les *atomes tourbillons* dont les *affinités* s'exercent par l'entremise du milieu qui les environne.

Un tourbillon peut entraîner d'autres tourbillons, les asservir, et telle est l'origine du grand tourbillon solaire avec son cortège de planètes accompagnées elles-mêmes de leurs satellites. Chaque grand corps repose immobile en son ciel comme un navire sur l'océan, mais ce ciel lui-même se déplace et l'entraîne en un double mouvement *orbiculaire* et *rotatif.* La nappe du tourbillon où l'astre est descendu s'est arrêtée en raison de sa solidité, marche cependant un peu plus vite que lui, et de même les deux nappes contiguës qui l'enserrent et le font ainsi tourner entre elles sur lui-même, ont une différence de vitesse supérieure à cette rotation. Cette double perte de vitesse engendre une double puissance de se mouvoir, une double agitation. Le navire se balance sur l'océan. Et ce balancement c'est l'*aimant terrestre.*

Dieu n'a pas eu souci de mettre ses lois à la portée facile de notre entendement. Ces lois n'ont rien de simple en vérité. Il n'est en effet si petits tourbillons et si éloignés qui ne réagissent l'un sur l'autre par l'entremise de ceux qui sont entre. En cette immense organisation chaotique du monde de Descartes tout s'enchevêtre et se complique ; les étoiles, par leurs réfractions multiples, nous inondent de leurs multiples images, les tourbillons se pressent et bouillonnent, les grands corps se balancent aussi bien dans l'océan des cieux que les fétus de paille dans le ruisselet d'une prairie.

Le même bûcher qui brûla quelques exemplaires du livre de Galilée emporta dans ses flammes le « Traité des Mondes » que Descartes supprima pour éviter semblable condamnation. J'ai dû rechercher la pensée du maître dans son manuel aride des « Principes » et dans sa correspondance. Je voudrais en la résumant ici éviter le reproche qu'il adressait à Voëtius : « Il me fait dire des sottises auxquelles je n'ai jamais songé et après il les réfute, ce qui est chose très honteuse en un particulier et bien plus en un philosophe ».

TABLE ANALYTIQUE DES MATIÈRES

CHAPITRE III

TABLE ALPHABÉTIQUE DES NOMS CITÉS EN CET OUVRAGE

N

Newton (1642 †1727), 2, 17, 18, 19, 23, 24, 83, 86, 90, 95, 96, 101, 105, 107, 139.
Nicolas (Auguste), 2.
Nicolas IV (d'Ascoli), 7.
Noël (le P.), 11, 12, 46.

O

Osmond, 111.

P

Parenty (Henri). 91*, 95*. 130*, 169*, 171*, 173, 177*.
Pascal, 5, 11, 13, 60*, 94, 204.
Perrin, 133.
Platon, 95.
Poincarré (H.), 20, 86, 90, 210.
Popof (A.), 137.
Ptolémée, 43.
Pulin, 114, 115*.

R

Rankine, 91, 189, 212.
Resal, 108.
Rhumkorf, 136.
Riemann, 143.
Roberval, 10.
Ruhmer, 194*.

S

Saisset (Emile), 8.
Salcher, 130.
Sauvage, 114, 115*.
Savart, 158, 161, 165.
Scipion, 95.

Schwœrer (Emile), 91.
Sherman, 140.
Stroobant, 131.
Stanoiévitch, 197, 198.

T

Tacchini, 149.
Tannery (P.), 84.
Thomas, VIII, 2, 3, 139.
Thomas d'Aquin (saint), 6, 7.
Thompson (Elihu), 142.
Thomson (Lord William), 60*, 85, 89, 102, 136, 183, 189, 212.
Tycho-Brahé, 43, 45, 139.
Tisserand, 131, 133, 143.
Tresca, 109.

V

Van den Broock (Ernest), 171*.
Vaugelas, 11.
Verrier (Le), 140.
Vico, 202.
Volta, 22.
Voëtius, 213.

W

Weber, 143.
Wilson (Carus), 111.
Wolf, 153.

Y

Young, 21, 105, 135.

Z

Zenger, VIII, 23, 108, 131, de 139 à 157, 183, de 186 à 189, 195, 201.

CLERMONT-FERRAND, IMPRIMERIE L. BELLET